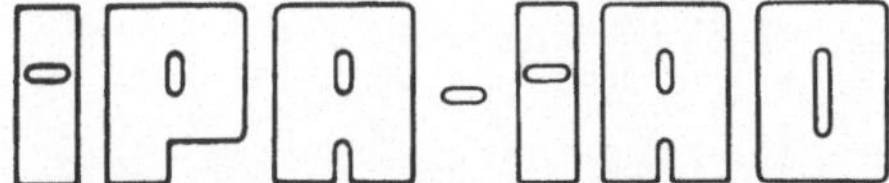

IPA-IAO
Forschung und Praxis

Band 183

Berichte aus dem
Fraunhofer-Institut für Produktionstechnik
und Automatisierung (IPA), Stuttgart,
Fraunhofer-Institut für Arbeitswirtschaft
und Organisation (IAO), Stuttgart,
Institut für Industrielle Fertigung und
Fabrikbetrieb der Universität Stuttgart und
Institut für Arbeitswissenschaft und
Technologiemanagement, Universität Stuttgart

Herausgeber: H. J. Warnecke und H.- J. Bullinger

G. Krüll

Automatisierung der Justage von Drehankerrelais

Mit 59 Abbildungen

Springer-Verlag
Berlin Heidelberg New York
London Paris Tokyo
Hong Kong Barcelona
Budapest 1993

Dipl.-Ing. G. Krüll
Fraunhofer-Institut für Produktionstechnik und Automatisierung (IPA), Stuttgart

Prof. Dr.-Ing. Dr. h. c. Dr.-Ing. E. h. H. J. Warnecke
o. Professor an der Universität Stuttgart
Fraunhofer-Institut für Produktionstechnik und Automatisierung (IPA), Stuttgart

Prof. Dr.-Ing. habil. Dr. h. c. H.-J. Bullinger
o. Professor an der Universität Stuttgart
Fraunhofer-Institut für Arbeitswirtschaft und Organisation (IAO), Stuttgart

D 93

ISBN-13: 978-3-540-57303-6   e-ISBN-13: 978-3-642-47869-7
DOI: 10.1007/ 978-3-642-47869-7

Gesamtherstellung: Copydruck GmbH, Heimsheim
62/3020−6 5 4 3 2 1 0

Geleitwort der Herausgeber

Über den Erfolg und das Bestehen von Unternehmen in einer
marktwirtschaftlichen Ordnung entscheidet letztendlich der
Absatzmarkt. Das bedeutet möglichst frühzeitig absatzmarkt-
orientierte Anforderungen sowie deren Veränderungen zu erkennen
und darauf zu reagieren.

Neue Technologien und Werkstoffe ermöglichen neue Produkte und
eröffnen neue Märkte. Die neuen Produktions-und Informations-
technologien verwandeln signifikant und nachhaltig unsere
industrielle Arbeitswelt. Politische und gesellschaftliche
Veränderungen signalisieren und begleiten dabei einen
Wertewandel, der auch in unseren Industriebetrieben deutlichen
Niederschlag findet.

Die Aufgaben des Produktionsmanagements sind vielfältiger und
anspruchsvoller geworden. Die Integration des europäischen
Marktes, die Globalisierung vieler Industrien, die zunehmende
Innovationsgeschwindigkeit, die Entwicklung zur Freizeitge-
sellschaft und die übergreifenden ökologischen und sozialen
Probleme, zu deren Lösung die Wirtschaft ihren Beitrag leisten
muß, erfordern von den Führungskräften erweiterte Perspektiven
und Antworten, die über den Fokus traditionellen Produktionsmanagements deutlich hinausgehen.

Neue Formen der Arbeitsorganisation im indirekten und direkten
Bereich sind heute schon feste Bestandteile innovativer Unternehmen. Die Entkoppelung der Arbeitszeit von der Betriebszeit,
integrierte Planungsansätze sowie der Aufbau dezentraler
Strukturen sind nur einige der Konzepte, die die aktuellen
Entwicklungsrichtungen kennzeichnen. Erfreulich ist der Trend,
immer mehr den Menschen in den Mittelpunkt der Arbeitsgestaltung
zu stellen - die traditionell eher technokratisch akzentuierten
Ansätze weichen einer stärkeren Human- und Organisations-
orientierung. Qualifizierungsprogramme, Training und andere
Formen der Mitarbeiterentwicklung gewinnen als Differenzierungs-
merkmal und als Zukunftsinvestition in Human Recources an
strategischer Bedeutung.

Von wissenschaftlicher Seite muß dieses Bemühen durch die
Entwicklung von Methoden und Vorgehensweisen zur systematischen
Analyse und Verbesserung des Systems Produktionsbetrieb
einschließllich der erforderlichen Dienstleistungsfunktionen
unterstützt werden. Die Ingenieure sind hier gefordert, in enger
Zusammenarbeit mit anderen Disziplinen, z.B. der Informatik,
der Wirtschaftswissenschaften und der Arbeitswissenschaft,
Lösungen zu erarbeiten, die den veränderten Randbedingungen
Rechnung tragen.

Die von den Herausgebern geleiteten Institute, das

- Institut für Industrielle Fertigung und Fabrikbetrieb
  der Universität Stuttgart (IFF),

- Institut für Arbeitswissenschaft und Technologiemanagement (IAT),

- Fraunhofer-Institut für Produktionstechnik und
  Automatisierung (IPA),

- Fraunhofer-Institut für Arbeitswirtschaft und
  Organisation (IAO),

arbeiten in grundlegender und angewandter Forschung
intensiv an den oben aufgezeigten Entwicklungen mit. Die
Ausstattung der Labors und die Qualifikation der Mitarbeiter
haben bereits in der Vergangenheit zu Forschungsergebnissen
geführt, die für die Praxis von großem Wert waren. Zur Umsetzung
gewonnener Erkenntnisse wird die Schriftenreihe "IPA-IAO -
Forschung und Praxis" herausgegeben. Der vorliegende Band setzt
diese Reihe fort. Eine Übersicht über bisher erschienene Titel
wird am Schluß dieses Buches gegeben.

Dem Verfasser sei für die geleistete Arbeit gedankt, dem
Springer-Verlag für die Aufnahme dieser Schriftenreihe in seine
Angebotspalette und der Druckerei für saubere und zügige
Ausführung. Möge das Buch von der Fachwelt gut aufgenommen
werden.

H.J.Warnecke   H.-J. Bullinger

Vorwort

Die vorliegende Arbeit entstand während meiner Tätigkeit als wissenschaftlicher Mitarbeiter am Fraunhofer-Institut für Produktionstechnik und Automatisierung (IPA), Stuttgart.

Mein besonderer Dank gilt dem Leiter des Instituts, Herrn Professor Dr. h.c. mult. Dr.-Ing. H.J. Warnecke, für seine großzügige Unterstützung und Förderung, die entscheidend zur erfolgreichen Durchführung dieser Arbeit beigetragen hat.

Herrn Professor Dipl.-Ing. A. Jung danke ich für die Übernahme des Mitberichtes, die eingehende Durchsicht und die wertvollen Hinweise, die sich aus der anschließenden Diskussion ergaben.

Herrn Professor Dr.-Ing. R.-D. Schraft, Herrn Dr.-Ing. M. Schweizer und der Vielzahl weiterer Kollegen danke ich an dieser Stelle für die anregenden Gespräche und die kritischen Diskussionen. Hierbei ist besonders die wertvolle Unterstützung durch Herrn Dr.-Ing. U. Schweigert zu erwähnen.

Ganz besonders danke ich aber meiner Frau Silvia und meiner Tochter Juliana, ohne deren Verständnis für häufige Entbehrungen und deren Motivierung diese Arbeit nicht gelungen wäre.

Stuttgart, Juni 1993   Georg Krüll

INHALTSVERZEICHNIS

0   Abkürzungen und Formelzeichen

Lateinische Großbuchstaben

B	mm	Breite
B_{rem}	T	Magnetische Induktion (Remanenzinduktion)
D	-	Lehrsches Dämpfungsmaß
E	N/mm²	Elastizitätsmodul
F	N	Kraft
F_a	N	Beschleunigungskraft auf den Biegeaktor
F_t	N	auf den Kraftsensor wirkende Kraft
F_m	N	Rückfederungskraft des Biegebauteils
F_{elpl}	N	Kraft bei Fließbeginn
F_r	N	Reibkraft
H	mm	Höhe
I	A	elektrischer Strom
J	mm⁴	Flächenträgheitsmoment
L	mm	Länge
M	Nm	Biegemoment
M_{el}	Nm	Rückfederungsmoment des Biegebauteils
$P_{1..,n}$	-	markante Punkte in der Biegefließkurve
R_{p02}	N/mm²	Streckgrenze
R_{Bausch}	N/mm²	durch den Bauschinger-Effekt erniedrigte Streckgrenze
U	V	elektrische Spannung
U^*	%	auf die Relaisnennspannung normierte Schaltspannung

Lateinische Kleinbuchstaben

b	mm	Breite im Querschnitt des Biegebauteils
c	N/mm	Federkonstante
c_L	-	Gewichtungsfaktor des aktuellen Loses gegenüber seinen Vorgängern

c_R	-	Gewichtung der Eigenschaften des aktuellen Bauteils auf das Systemverhalten
c_k	N/mm	Steifigkeit des Werkstückes
d_i	-	Ursprung einer Skalierung
$d_{a,k}$	Ns/m	Dämpfungskonstanten
Δd	-	Verschiebung einer Skalierung
f	mm	Biegefehler
h	mm	Höhe im Querschnitt des Biegebauteils
k	-	Korrekturfaktor
l	mm	Hebelarm am Biegebauteil
m	N/mm	Steigung in einer Biegefließkurve
m^*	N/mm²	als Gerade idalisierte relative Fasersteifigkeit im plastischen Verformungsbereich
m^{**}	kg	Masse
n^*	-	Mittelwert der Gauß'schen Normalverteilung
p	-	Plausibilität einer Regel
r	mm	Biegeradius
s	mm	Position des Biegebauteils
s_0	mm	Position zum Messen der Kontaktkraft
s_{krit}	mm	Verformung, ab der der Bauschinger-Effekt Auswirkungen hat
s_{pl}	mm	aufgezwungene plastische Verformung
s_{sp}	mm	Spiel
s_{bl}	-	tatsächliche bleibende plastische Verformung
s_{soll}		gewünschte bleibende plastische Verformung
Δs	mm	Abweichung des Kraftangriffspunktes von dem Punkt bei senkrechter Krafteinleitung
t_i	s	Beruhigungszeit für den Biegeantrieb
t_s	s	Beschleunigungszeit für den Biegeantrieb
t^*	-	Term der Zugehörigkeitsfunktion
w	-	Stellwert der Zugehörigkeitsfunktion

w_{fuzzy1}	-	ermittelter Stellwert des Fuzzy-Systems
w_{ideal}	-	Idealstellwert für die aktuelle Justagesituation
w_{soll}	-	nach der Gewichtung Idealstellwert des Fuzzy-Systems
Δwt	-	Abstand des Terms einer jeweiligen Regel vom Idealstellwert
y_F	mm	Abstand des Fließbeginns von der neutralen Faser
z	mm	Kontaktabstand
z_1	-	laufende Nummer des ersten Bauteils des aktuellen Loses
Δz	mm	Änderung des Kontaktabstandes

Griechische Buchstaben

α	rad	Winkelstellung eines Biegebauteils zur Biegerichtung
α^*	rad	Winkel in einer Bauteilfließkurve
β	rad	Winkel im Spannungs-Dehnungsdiagramm
δ	s^{-1}	Abklingkonstante
ϵ	%	relative Dehnung
ϵ_k	N	kritische Kraftamplitude
θ	rad	Phasenverschiebung
μ	-	Zugehörigkeit einer Regel zu einem Term
μ_g	-	Gleitreibungskoeffizient
μ_r	-	Haftreibungskoeffizient
σ	N/mm^2	Spannung einer Bauteilfaser
σ_{rand}	N/mm^2	Randspannung
σ^*	-	Standardabweichung der Gauß'schen Normalverteilung
σ^*_{ist}	mm	aktuelle Streuung von Bauteilpositionen an Biegewerkstücken
σ^*_{bl}	mm	bleibende Streuung von Bauteilpositionen an Biegewerkstücken
ω	s^{-1}	Eigenfrequenz der gedämpften Schwingung
ω_0	s^{-1}	Kreisfrequenz

Häufig verwendete Indizes

A	Arbeitsseite
K	Kontakt
St	Ansteuerung
R	Ruheseite
Ru	Rückholfeder
Zw	Ankerzwischenstellung
a	Antrieb
an	vorverformungsbewirkte Anelastizität
b	bedingt durch den Bauschinger-Effekt
c	bedingt durch Elastizität
d	bedingt durch die innere Reibung
el	rein elastisch
end	Zustand unter Maximalbelastung
f	Feder
ist	Zustand vor der Verformung
i, n	Zählvariable
k	Biegebauteil (Kontakt)
mB	mit Belastung
oB	ohne Belastung
r	reibbedingt
s	Grenzlänge des Biegebauteils zwischen rein elastischer und plastischer Verformung
sp	spielbedingt
w	winkelbedingt
z	zulässig

1 Einleitung

1.1 Problemstellung

Verschiedene Untersuchungen zu Entwicklungstrends in der Fertigungstechnik sehen die Montage als ein zentrales Gebiet für Rationalisierungseffekte durch neue Technologien /1/, /2/. Das Justieren ist eine Aufgabe in der Montage /3/, zu der ein erheblicher Aufwand an Verrichtungen erforderlich ist und die für eine durchgängige Automatisierung in der Montage ein wesentliches Automatisierungshemmnis darstellt /2/, /4/.

Durch ständige Weiterentwicklungen im Bereich von Handhabungstechnik /2/, /5/, Mikroprozessortechnik und Sensortechnik /6/, /7/ konnten immer mehr Fertigungs- und Montagebereiche wirtschaftlich automatisiert werden. Auch auf dem Gebiet der Justage feinwerktechnischer und elektrotechnischer Geräte sind hierdurch zunehmend automatisierte Lösungen möglich. Ein mögliches Beispiel aus dieser Gruppe ist die Justage elektromagnetischer Relais, die sich durch hohe Produktionsstückzahlen auszeichnen /8/.

Heute erfüllen weltweit mehr als 25 Milliarden elektromagnetische Relais in elektrischen Geräten und Anlagen ihren Dienst bei Regelungs-, Steuerungs- und Überwachungsfunktionen /9/. Die rasante Stückzahlentwicklung von elektrischen und elektronischen Geräten wird die Einsatzzahlen von elektromagnetischen Relais auch weiterhin stark erhöhen. Eine Hochrechnung /9/ führt für das Jahr 2000 auf eine Zahl von 45 Milliarden Relais, die sich weltweit im Betrieb befinden werden.

Moderne Mikroprozessoren, Sensoren und Stellglieder bieten bei geeigneter Konfiguration die Möglichkeit, zeitintensive manuelle Justageplätze, die große sensomotorische Anforderungen an das Personal stellen, wirtschaftlich zu ersetzen.

Die bei der manuellen Justage auftretenden Probleme lassen sich im wesentlichen wie folgt zusammenfassen:

- lohnintensive Arbeitsplätze,

- subjektive Bewertung der Justageergebnisse,

- ungleichmäßige Justagequalität sowie

- fehlende Protokollierung der Justagequalität und der Qualität der Vorfertigung.

1.2 Zielsetzung und Vorgehensweise

Ziel dieser Arbeit ist es, den bisher eng begrenzten Umfang wissenschaftlicher Lösungsansätze zu erweitern und Grundlagen für die automatische Justage von Relais zu schaffen. Die Konzeption, Entwicklung und Realisierung eines Gesamtsystems soll eine Integration der Erkenntnisse in die betriebliche Praxis unterstützen.

Für einen Relaistyp, der aufgrund einer Grobanalyse eine hohe Vorgabezeit zur manuellen Justage hat und dessen Justage komplizierte Verrichtungen beinhaltet, wird eine Detailanalyse der Justage durchgeführt. Aus den Analyseergebnissen werden die Teilsysteme und deren Anforderungen für eine automatische Justage abgeleitet.

Für alle Teilsysteme, deren optimale Realisierung nicht vom Stand der Technik abgeleitet werden können, werden alternative Konzepte aufgestellt und bewertet. Für die beiden wesentlich zu lösenden Teilsysteme:

- Justagesteuerung auf der Basis von Fuzzy-Logik und

- System für das fließkurvengeregelte Biegejustieren

werden im Anschluß an die Konzeptbewertung die für eine Realisierung notwendigen Untersuchungen und Verfahrensentwicklungen durchgeführt.

Im Anschluß an die Entwicklungen wird das Gesamtsystem als Pilotanlage realisiert, die den Nachweis einer zusammenhängenden Funktion und einer technischen Einsetzbarkeit der konzipierten Teilsysteme und entwickelten Verfahren erbringen soll.

2 Ausgangssituation

2.1 Begriffe und Definitionen

Über <u>Justage</u> oder <u>Justieren</u> ist ein ausführliches Werk /10/ bekannt, dessen wesentliche Begriffe hier übernommen werden. Justieren wird hier folgendermaßen definiert:

> "Justieren heißt, ein Funktionselement so zu verändern, daß es für die gewünschte Funktion des gesamten technischen Gebildes oder Verfahren die notwendigen Kennwerte bekommt."

Auf der Basis dieser Definition können Justagetätigkeiten gemäß <u>Bild 1</u> eingeordnet werden.

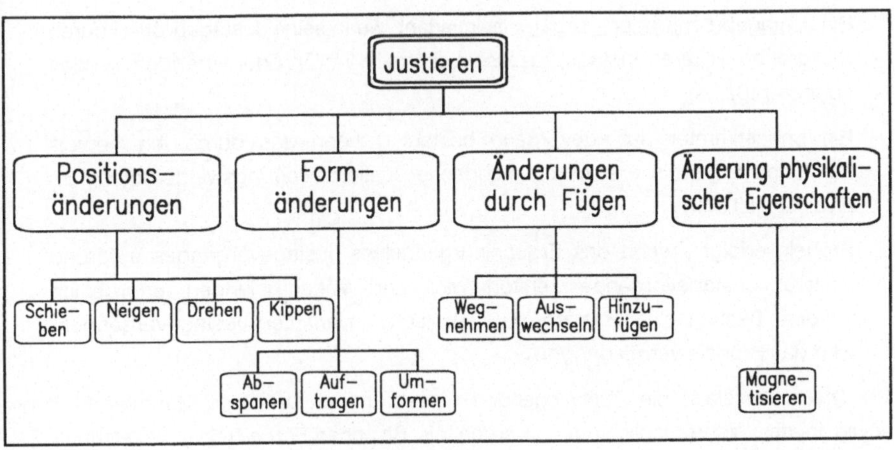

<u>Bild 1:</u>   Einordnung von Justagetätigkeiten

Jeder Hersteller ist bemüht, Produkte so zu gestalten und zu fertigen, daß sie keiner Justage bedürfen. In folgenden Fällen ist eine Justage dennoch sinnvoll oder notwendig:

1. Die notwendige Eigenschaft eines Funktionselementes in dem Produkt, die durch geometrische oder physikalische Eigenschaften gekennzeichnet ist, ist nach dem heutigen Stand der Technik oder aus organisatorischen Gründen innerhalb der notwendigen Toleranz nicht realisierbar.

2. Die Justage des montierten oder teilmontierten Produktes ist weniger aufwendig als die Einhaltung aller notwendigen Fertigungstoleranzen, die eine Justage erübrigen würde.

3. Durch die Justage können mit weniger Aufwand unterschiedliche Produktvarianten erzeugt werden als bei der Verwendung variantenspezifischer Einzelteile.

Die folgenden Begriffe sind justagespezifisch und werden in dieser Arbeit häufig verwendet:

In einem Justageprozeß werden <u>Stellgrößen</u> verändert, um <u>Justagegrößen</u> zu erzielen. So stellt z. B. bei der Justage eines Drehpotentiometers die Winkelstellung der Stellschraube die Stellgröße dar und der vom Widerstand abhängige Systemwert die Justagegröße.

Ein <u>Justageprozeß oder -vorgang</u> ist <u>invariant</u>, wenn seine Justagegrößen durch Stellgrößen weiterer Justageprozesse nicht mehr variiert oder verändert werden können /10/.

Ein <u>unbestimmter Justagevorgang</u> besteht , wenn das durch ihn hervorzurufende Ergebnis erst durch mehrfache Justierbewegungswiederholung zu erreichen ist /10/.

<u>Pröbeln</u> erfolgt , wenn das Ergebnis irgendeines Justagevorganges aufgrund weiterer Justagevorgänge zerstört wird und Wiederholungen erforderlich werden. Besteht ein Justageprozeß aus lauter invarianten Justagevorgängen, wird das Pröbeln vermieden /10/.

Die Drehankerrelais, die überwiegenden Einsatz in der Luft- und Raumfahrttechnik sowie in der Wehrtechnik finden, werden als Balanced-Force-Relais bezeichnet. Es handelt sich hierbei um komplexe Relais mit hohen Justageanforderungen /11/, /12/. Für das Schalten dieser Relais ist die Summe von Momenten verantwortlich, die auf den Anker wirken. Diese Momente werden von verschiedenen Kräften mit entsprechenden Hebeln erzeugt :

- Kontaktkräfte auf der Ruheseite,

- Kontaktkräfte auf der Arbeitsseite,

- Kräfte der Rückholfedern,

- Magnetische Anziehungskraft durch den Permanentmagneten,

- Magnetische Anziehungskraft durch den Elektromagneten.

Bild 2 zeigt einen skizzierten typischen Aufbau eines Balanced-Force-Relais. Das Relais wird durch eine angelegte elektrische Spannung magnetisch umgepolt und dadurch umgeschaltet /12/.

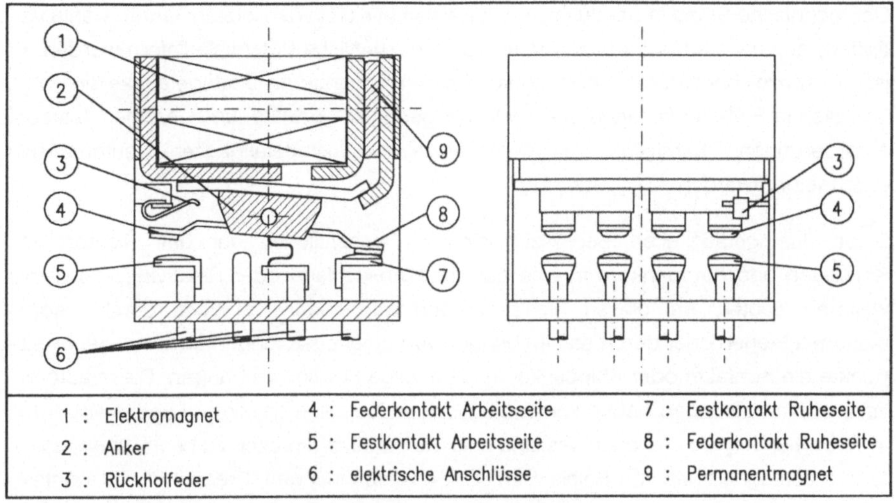

Bild 2:   Typischer Aufbau eines Balanced-Force-Relais

Weitere relaisspezifische Begriffe werden in Anlehnung an /9/, /13/, /11/ verwendet.

In dieser Arbeit wird die Realisierung des Justagesteuerungssystems über Fuzzy-Logik durchgeführt. Ihr liegt die Fuzzy-Set-Theorie zugrunde /14/, /15/, eine 1965 an der Berkely-University entwickelten Methode der gewichteten logischen Klassifikation. Sie basiert auf dem Gedanken, daß verschiedene Elemente mit verschiedenen Anteilen zu bestimmten Klassen zuzuordnen sind. Streng genommen ist dieses Verfahren eine Erweiterung der Boole'schen "richtig"/"falsch"-Logik und der regelbasierten Expertensysteme /16/ um die Berücksichtigung der relativen Zugehörigkeit von Fakten zu bestimmten Klassen.

"Fuzzy-Logik ist eine Technologie, um technische Systeme ohne aufwendige mathematische Modellierungen zu steuern und zu regeln - speziell wenn keine präzisen mathematischen Modelle vorliegen oder diese zu komplex sind." /17/

Die verwendeten spezifischen Begriffe zur Fuzzy-Logik sind in /18/, /19/ und /20/ zu finden.

2.2   Stand der Technik

2.2.1   Relaisjustage

Der technische Stand in der Justage von Relais hat sich in den letzten Jahren wenig verändert, obwohl die hohen Stückzahlen /9/ wirtschaftliche Potentiale liefern würden. Er
ist gekennzeichnet durch einen hohen Anteil an manuellen Justagetätigkeiten /11/.
Lediglich in Fertigungsstätten, die Relais mit geringen Qualitäts- und geringen Justageanforderungen   herstellen,   können   einzelne   Justagetätigkeiten   automatisiert
durchgeführt werden /21/, /22/, 23/.

Diese Justagetätigkeiten begrenzen sich im wesentlichen auf das Richten von
Kontakten und Klappankern in eine definierte Absolutlage oder Relativlage zu einem
weiteren Bauteil. Bei diesen Richtprozessen wird iterativ versucht, durch wegge-
steuertes Biegen oder durch das Aufbringen von Eigenspannungen über Laserschweiß-
punkte die Kontakte oder Klappanker in die richtige Position zu bringen. Diese automatisierten Verrichtungen haben immer als einziges Ziel, eine definierte Lageveränderung
in einer Richtung zu erreichen. Sie sind eher als Vorjustageprozeß zu bezeichnen, da sie
für die Justagegrößen von Relais wie z. B. Schaltspannungen, Prellzeiten und Kontaktkräfte nur indirekte Bedeutung haben.

Das automatische Einstellen von Schaltspannungen über den Magnetisierungsgrad
wird bei einigen Relais durchgeführt, deren Stellungen durch einen Permanentmagnet
stabilisiert werden /24/. Diese automatische Justageoperation wird aber nur dann
angewendet, wenn die Justage eindimensional ist, d.h. daß für die Erzielung der
Justagegrößen das Verändern der Stellgröße "Magnetisierungsgrad" ausreicht.

Montierte und vorjustierte Relais werden entweder komplett manuell nachjustiert oder
automatisch geprüft und der Anteil manuell nachjustiert, der die Prüfparameter nicht
erfüllt. Diese manuelle Nachjustage geschieht bei allen Relaistypen, ob vorjustiert oder
nicht, generell nach ähnlichen Verfahren:

> Mit Hilfe plastischer Verformungen an verschiedenen Funktionsträgern des
> Relais und ggf. mit Hilfe der Veränderung des Magnetisierungsgrades der
> Relaismagneten werden mehrere Justagegrößen wie z. B. Kontaktabstände,
> Kontaktkräfte, Anzugsspannungen und Abfallspannungen gleichzeitig in die
> zulässigen Toleranzbereiche hineinjustiert.

Es liegt hier immer eine multifunktional verflochtene Justage vor: Mit verschiedenen Stellgrößen, die gleichzeitig mehrere Justagegrößen beeinflussen, müssen alle geforderten Justagegrößen erzielt werden.

Die in der Vergangenheit durchgeführten Rationalisierungen beschränkten sich im wesentlichen auf ergonomische Verbesserungen oder mechanische Hilfsmittel, die das hochgenaue Biegejustieren oder das Messen von Schaltspannungen, Kontaktkräften und Kontaktabständen erleichtern.

2.2.2 Biegejustage

In der Justage mittels plastischer Verformung sind außerhalb der Relaisfertigung verschiedene Applikationen bekannt /25/, /26/. Die geforderten Genauigkeiten sind jedoch um den Faktor 5 bis 10 geringer.

In verwandten Verfahren wie dem Biegen und dem Biegerichten werden überwiegend Biegeverfahren eingesetzt, bei denen von einem gleichmäßigen Rückfederungsverhalten ausgegangen wird /27/ oder die Rückfederung nach Abschluß des Biegevorgangs gemessen wird und das Bauteil entweder nachgebogen oder als Ausschuß ausgeschleust wird /28/, / 29/.

Für das automatische Biegerichten von Wellen existieren Labormuster /30/ /31/, deren Genauigkeiten im Bereich der Justage von Balanced-Force-Relais /32/ liegen. Auf die gewonnenen Erkenntnisse über das Kraft-Weg-Verlauf-gesteuerte Biegerichten kann in dieser Arbeit teilweise aufgebaut werden.

Jedoch sind Untersuchungen zu justagespezifischen Bedingungen wie:

- Herstellung größerer Verformungsgrade,

- wiederholte Hin- und Her-Biegevorgänge aufgrund sich während der Justage ändernder Biegezielwerte und

- ungünstige Geometrie- und Steifigkeitsbedingungen,

die zu Biegefehlern führen können, sowie Verfahren zur positionsübergreifenden Direktjustage nicht bekannt geworden.

2.2.3 Regelsysteme für multifunktional verflochtene Justagekreise

Die Steuerung mutlifunktional verflochtener Justageregelkreise muß innerhalb eines invarianten Justageprozesses mehrere Justagegrößen mit mehreren Stellgrößen justieren; dabei muß sie jeweils die aktuelle Abhängigkeit dieser Größen berücksichtigen. Eine geeignete Realisierungsbasis für diese Steuerung bietet die Fuzzy-Logik.

Systeme mit Regeln nach der Fuzzy-Logik werden überwiegend für zeitkritische Regelprozesse eingesetzt, für die nur unsichere Meßgrößen zur Verfügung stehen /18/, /33/. Sie finden bereits in Gebrauchsgegenständen wie z. B. Staubsauger, Waschmaschinen, Videokameras oder auch Klimaanlagen /34/, /19/ Anwendung. Aber auch für Regelungen der Automatisierungstechnik gibt es bei Überwachungs- und Montageaufgaben bereits Anwendungen der Fuzzy-Logik /35/, /36/ in der Fertigungsmeßtechnik /37/ oder in der Bahnplanung und Bahnregelung von Robotern /38/.

Ein weiteres Einsatzgebiet der Fuzzy-Logik sind Experten- und Diagnosesysteme /18/ /33/; hier liegt der Einsatzgrund nicht in der schnellen Ergebnisgenerierung sondern in der Verarbeitung vieler unpräziser Aussagen.

Die Regeln für diese Anwendungen sind starr aufgebaut; wenn sich das Verhalten des zu steuernden Systems ändert, verringert sich die Leistungsfähigkeit der Steuerung und muß durch Änderung der Regeln wieder angepaßt werden. Da für viele Anwendungen eine automatische Anpaßfähigkeit gefordert wurde /39/, /40/, wurden aufwendige Verfahren zur Integration von Fuzzy-Logik und Neuronalen Netzen entwickelt /41/, /42/, die den großen Nachteil der ungünstigen Nachvollziehbarkeit haben /39/, /43/.

Auf der Grundlage der Fuzzy-Logik ist kein System bekannt, das eine multifunktional verflochtene Justage steuert oder das einfach anwendbare Mechanismen für sich verändernde Systemeigenschaften enthält.

3 Analyse und Ableitung von Anforderungen

3.1 Analyse des Produktspektrums

Umfragen bei mittelständischen Unternehmen /4/ und /2/ haben ergeben, daß im Bereich feinwerk- und elektrotechnischer Produkte die Justagetätigkeiten mindestens 10 % der Gesamtmontagezeiten bei den Produkten betragen, die justiert werden müssen, und ein wesentliches Automatisierungshemmnis darstellen.

Schaltrelais werden für die unterschiedlichsten Steuerungsaufgaben eingesetzt und sind somit verschiedensten Funktions- und Qualitätsanforderungen unterworfen. Zur Darstellung des Einsatzfeldes und Quantifizierung der Aufgabenstellung "Relaisjustage" wird das Produktspektrum der in der Bundesrepublik Deutschland produzierten Relais auf die Justage beeinflussenden folgenden Faktoren untersucht (<u>Bild 3</u>).

Merkmale[*] \ Relaisarten	Reedrelais	Schwenk-ankerrelais	Klappanker-relais	Balanced-Force-Relais	Sonstige Relaissysteme
Funktionsprinzip					z.B. Zeitrelais
manuelle Justagezeit	0,4 bis 1 min	0,6 bis 1 min	2 bis 5 min	3 bis 12 min	0,4 bis 4 min
Fehlerquote manuell justierter Relais	0,1 bis 0,5%	0,3 bis 0,6%	0,2 bis 1,5%	3 bis 15%	0,1 bis 5%
Anzahl Stellgrößen je invariantem Justageprozeß	1 bis 3	1 bis 2	2 bis 3	4 bis 10	1 bis 4
Anzahl Justagegrößen je invariantem Justageprozeß	1 bis 2	2 bis 3	2 bis 4	3 bis 32	1 bis 10
Anzahl invarianter Justageprozesse	1 bis 2	1 bis 2	1 bis 4	1	1 bis 8
durchschnittliche Anzahl manueller Justageschritte	1 bis 8	2 bis 8	2 bis 18	10 bis 70	2 bis 20
notwendige Biegegenauigkeit	kein Biegen erforderlich	10 bis 50 μm	15 bis 90 μm	3 bis 12 μm	10 bis 200 μm

[*] Ergebnisse aus der Analyse bei 9 Relaisherstellern

<u>Bild 3:</u>   Justagemerkmale unterschiedlicher Relaistypen

Aus der manuellen Justagezeit und der Beanstandungsquote können die Potentiale für eine Rationalisierung und Steigerung der Qualität bei der Realisierung einer automatischen Justage abgeleitet werden.

Die Anzahl der Stellgrößen und Justagegrößen je invariantem Justageprozeß liefert eine Aussage über die Komplexität des Justageprozesses.

Bei nahezu allen untersuchten Relais ist die wesentliche Justageverrichtung das plastische Verformen zum Einstellen von Funktionsträgern hinsichtlich:

- Absolutpositionen bezüglich der Relaiseinspannstelle,

- Relativpositionen bezüglich beweglicher Elemente und

- Kontaktkräften.

Die Hemmnisse für eine Automatisierung der Justage bilden bei den meisten Relais die hohe geforderte Biegegenauigkeit und der multifunktional verflochtene Justageprozeß, der durch mehrere Stellgrößen innerhalb eines invarianten Justageprozesses gekennzeichnet ist. Er erfordert ein flexibles Reagieren der Justagestrategie.

Am deutlichsten bestehen diese Automatisierungshemmnisse bei der Justage von Balanced-Force-Relais . Aufgrund der in Luft- und Raumfahrttechnik typischen hohen Anforderungen an die Funktionssicherheit gibt es hier die höchste Anzahl an Justagegrößen, die in die zulässigen Toleranzbereiche hineinjustiert werden müssen.

Im folgenden werden die Untersuchungen und Entwicklungen auf die Balanced-Force-Relais konzentriert, da die Anforderungen an die Justagetätigkeiten dieser Relais im wesentlichen die der übrigen untersuchten Relais überdecken und die Ergebnisse größtenteils auf die Relaisjustage der übrigen Typen übertragen lassen.

3.2 Analyse der Justage von Balanced-Force-Relais

Bild 4 zeigt eine Klassifizierung der Relais in Typen und Varianten sowie die Stückzahlanteile. Hierbei werden die Typen durch die unterschiedlichen Baugrößen und die Varianten durch die Anzahl der Hauptkontakte gebildet. Sämtliche Relais werden entsprechend den neuesten Normen von /44/ und /45/ hergestellt. Damit ist auch der in der Analyse ermittelte nahezu identische Aufbau sowie das gleichartige Justageverhalten von Balanced-Force-Relais verschiedener Hersteller zu erklären, so daß bei der Analyse keine Unterscheidung nach Herstellern nötig ist. Bei der Analyse der Stückzahlverteilung zeigt sich, daß 96 % der Balanced-Force-Relais einen quaderförmigen Grundkörper in vier unterschiedlichen Abmessungen haben.

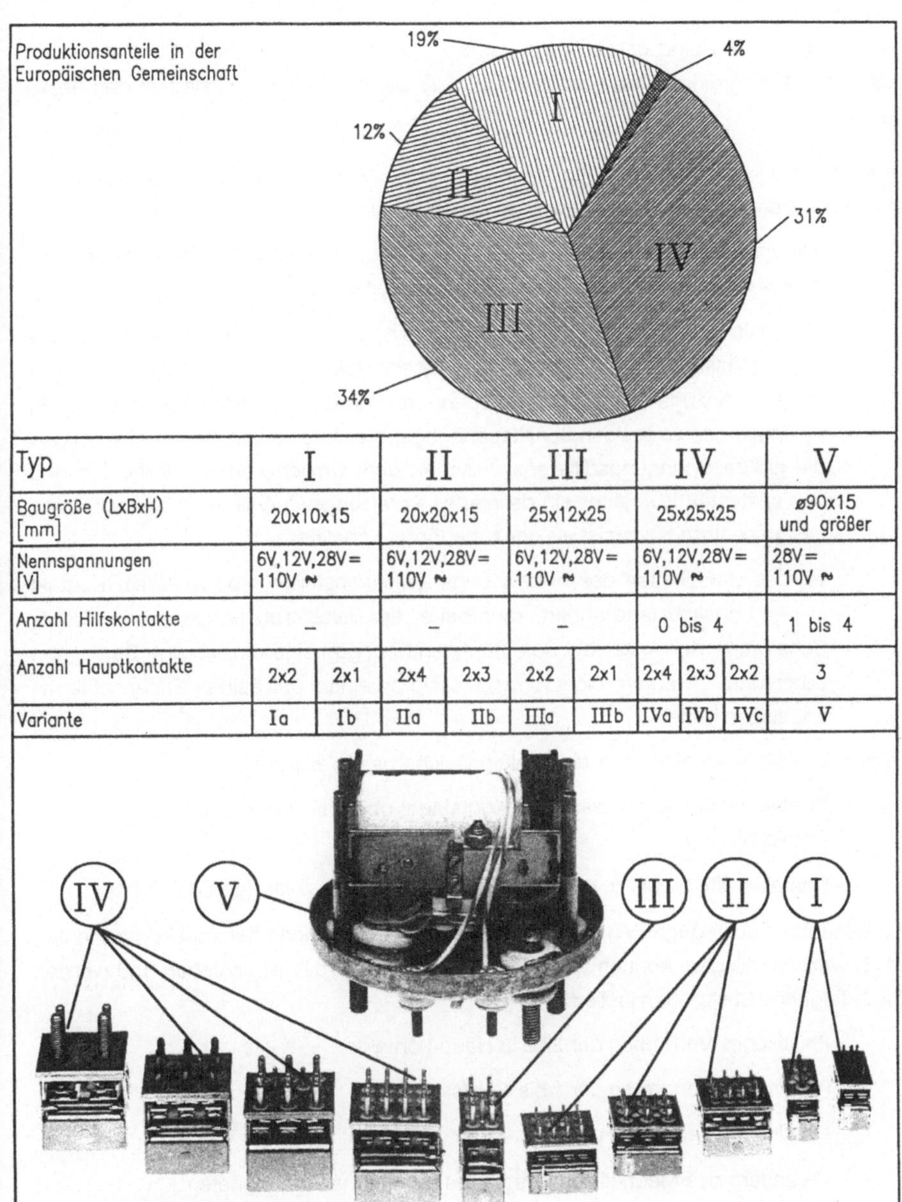

Typ	I		II		III		IV			V
Baugröße (LxBxH) [mm]	20x10x15		20x20x15		25x12x25		25x25x25			⌀90x15 und größer
Nennspannungen [V]	6V,12V,28V= 110V ~		6V,12V,28V= 110V ~		6V,12V,28V= 110V ~		6V,12V,28V= 110V ~			28V= 110V ~
Anzahl Hilfskontakte	−		−		−		0 bis 4			1 bis 4
Anzahl Hauptkontakte	2x2	2x1	2x4	2x3	2x2	2x1	2x4	2x3	2x2	3
Variante	Ia	Ib	IIa	IIb	IIIa	IIIb	IVa	IVb	IVc	V

Bild 4:   Klassifizierung von Balanced-Force-Relais

Die Justagegrößen sind unterteilbar in solche, die direkt das aktuelle Schaltverhalten des Relais beschreiben, und solche, die Einfluß auf die Funktionssicherheit des Relais haben.

Über eine Zuordnung der in Zeitrampen angelegten Steuerspannung zu den Schaltzuständen werden folgende Justagegrößen für das aktuelle Schaltverhalten ermittelt:

- minimale Spannungen an der Spule (Anzugsspannungen), bei denen sich jeweils die Ruhekontakte öffnen und die Arbeitskontakte schließen,

- maximale Spannungen an der Spule (Abfallspannungen), bei denen sich jeweils die Arbeitskontakte öffnen und die Ruhekontakte schließen; sowohl für eine korrekte Anzugs- als auch Abfallspannung müssen alle Kontakte (maximal 8) innerhalb des zulässigen Schaltspannungsbereiches umschalten. Weiterhin darf die größte Spannungsdifferenz zwischen dem Umschalten des frühesten und des spätesten Kontaktes ein definiertes Spreizungsintervall nicht überschreiten, das wesentlich kleiner ist als der zugehörige Schaltbereich,

- völliges Umschalten des Ankers ohne Zwischenstellung; obwohl kein Kontakt seinen Schaltzustand ändert, kann bei einem Relais trotz korrekter elektrischer Schaltwerte der Anker bei Spannungsänderungen eine unzulässige Bewegung durchführen, wenn er nicht formschlüssig an einem der beiden Endanschlägen angelegen hatte.

Folgende Justagewerte sind für die Funktionssicherheit relevant:

- Kontaktabstände an bis zu 8 Kontakten oberhalb eines minimal zulässigen Bereiches und

- Kontaktkräfte an bis zu 8 Kontakten innerhalb eines zulässigen Bereiches.

Die genannten Justagegrößen, deren Werte durch verschiedene Sensorikkomponenten erfaßt werden müssen, können aus bis zu 34 Werten (Typ IV a) bestehen und werden durch folgende Stellgrößen justiert:

- Plastisches Verformen der 2 bis 8 Hauptkontakte,

- Plastisches Verformen der 1 bis 4 Hilfskontakte,

- Plastisches Verformen der 1 bis 2 Rückholfedern und

- Verändern des Magnetisierungsgrades des Permanentmagneten.

Damit können für einen invarianten Justageprozeß bis zu 10 verschiedene Stellgrößen zur Verfügung stehen.

3.2.1 Analyse des manuellen Justageablaufes

Die manuelle Justage eines Balanced-Force-Relais läßt sich in eine Vorjustage und eine Hauptjustage untergliedern. Ein prinzipielles Ablaufschema zeigt <u>Bild 5.</u> In der Vorjustage werden Magnetisierungsgrad und Kontaktkräfte soweit eingestellt, daß das Relais schaltbar ist.

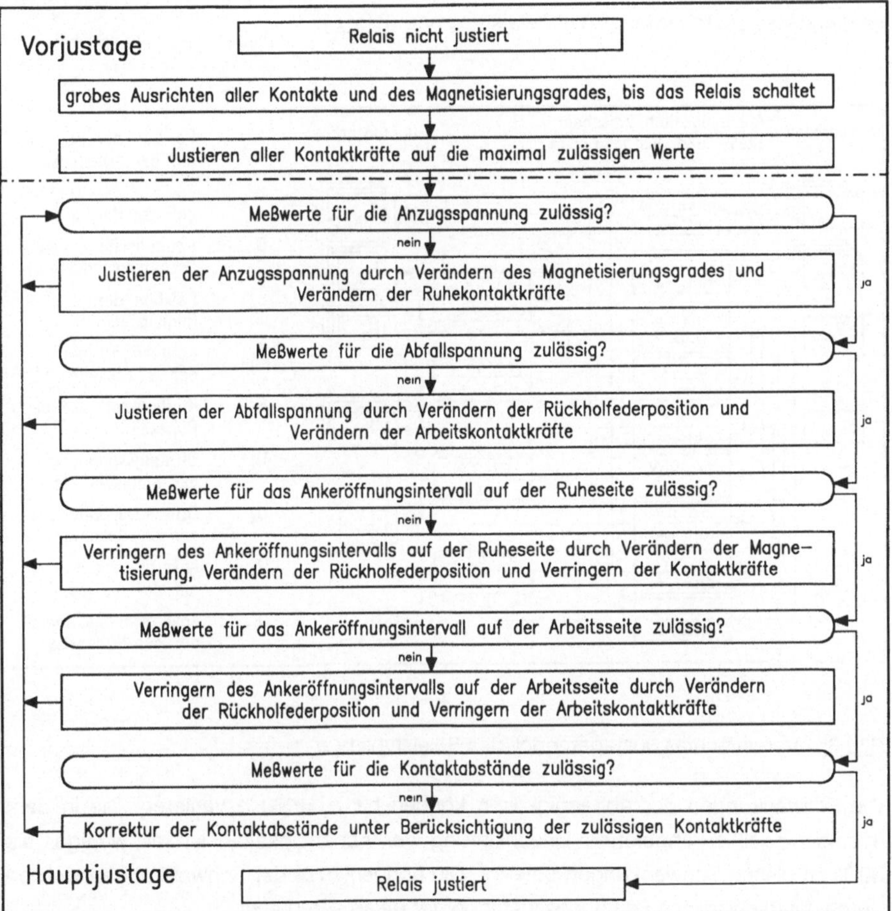

<u>Bild 5:</u>   Ablaufschema der Justageschritte für Balanced-Force-Relais

In der Hauptjustage werden die Justagegrößen nacheinander durch Veränderung der Stellgrößen justiert. Hierbei ist es notwendig, daß nach jeder Justageaktion alle Justagegrößen erneut überprüft werden, bevor das Relais als "gut justiert" beurteilt wird. Das Justagepersonal benötigt viel Erfahrung, um die Stellgrößen und -werte so auszuwählen, daß die Justage nicht in eine "Endlosschleife" mündet.

Die Analyse der Abhängigkeiten zwischen Stell- und Justagegrößen zeigt, daß neben der Vernetzung auch die relaisabhängige Schwankung ein großes Hindernis für eine zielgerichtete manuelle Justage bildet. Diese beiden Sachverhalte verdeutlicht ein vereinfachtes Justagemodell des Relaistyps IV a (<u>Bild: 6</u>).

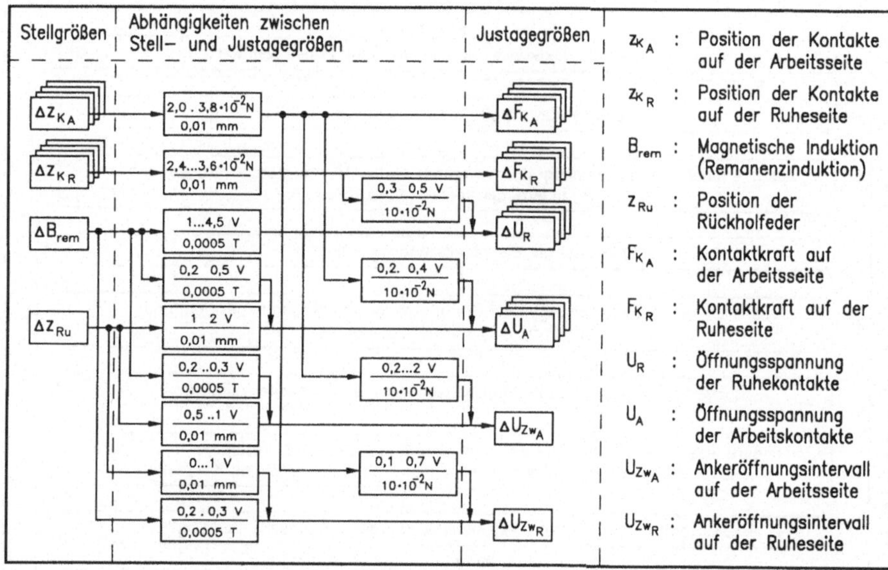

<u>Bild 6:</u>   Vereinfachtes Justagemodell des Relaistyps IV a

Die Schwankungen der Abhängigkeiten können bis zu 1000 % variieren. Die in dem Justagemodell durchgeführte Linearisierung der Abhängigkeiten ist mit weniger als 30 % an diesen Schwankungen beteiligt. Die übrigen 70 % der Schwankungen werden durch unterschiedliche Fertigungszustände der Relais verursacht.

3.2.2 Analyse der Sensorikfunktionen

3.2.2.1 Messen elektrischer Parameter

Es besteht die Aufgabe, die Schaltzustände aller Kontakte in Abhängigkeit des Verlaufes der Steuerspannung an der Spule aufzunehmen. Die ermittelten notwendigen Meßgenauigkeiten für die untersuchten Balanced-Force-Relais, die 2 bis 8 Kontakte haben und Steuerspannungen zwischen 0 bis 28 V Gleichstrom oder 0 bis 110 V Wechselstrom benötigen, liegen je nach Relaistyp zwischen 0,1 und 0,5 % der jeweiligen Nennspannung.

3.2.2.2 Messen der Kontaktkräfte

Die Kontaktkräfte beeinflussen die Dynamik der Ankerbewegung, die Prellzeit und alle elektrischen Justagewerte. Bei Balanced-Force-Relais müssen die Kontaktkräfte ungeachtet der aktuellen Schaltspannungen an der Spule in definierten Intervallen liegen. Bild 7 zeigt unter anderem die zulässigen Kraftbereiche der untersuchten Balanced-Force-Relais.

Die Analyse der manuellen Justage hat gezeigt, daß bei allen Balanced-Force-Relais für gezielte Änderungen von Schaltspannungen und Minimierungen der Ankeröffnungsintervalle die Kontaktkräfte mit einer Genauigkeit von mindestens 0,5 % der zulässigen Kontaktkraft meßbar sein müssen.

Das manuelle Messen der Kontaktkraft erfolgt mit Federkraftwaagen; der Federkontakt wird vom Fixkontakt gelöst, und die Kraft wird in dem Moment abgelesen, in dem der Kontakt unterbrochen wird (Bild 7, oben). Um die Kontaktkraft exakt zu messen, müssen folgende Bedingungen erfüllt sein:

- Krafteinleitung parallel zur Kontaktbewegung,

- keine Berührung des Kraftmeßinstruments mit dem Festkontakt, damit dessen Kraftkomponente den Meßwert nicht verfälscht,

- keine Berührung des Kraftmeßinstruments mit dem Kontakthügel des Federkontaktes zum Ausschluß von Fehler erzeugenden Quer- und Reibkräften.

Für die Positionierung des Kraftmeßinstruments zwischen Feder- und Festkontakt steht nur ein begrenzter Raum zur Verfügung, der in Bild 7 durch die Positionierspiele in x-, y- und z- Richtung beschrieben wird. Gleichzeitig weist die Position des Federkontaktes aufgrund der notwendigen plastischen Verformung und Fertigungstoleranzen

Streuungen auf, die in <u>Bild 7</u> durch die Positionstoleranzen in x-, y- und z-Richtung beschrieben werden.

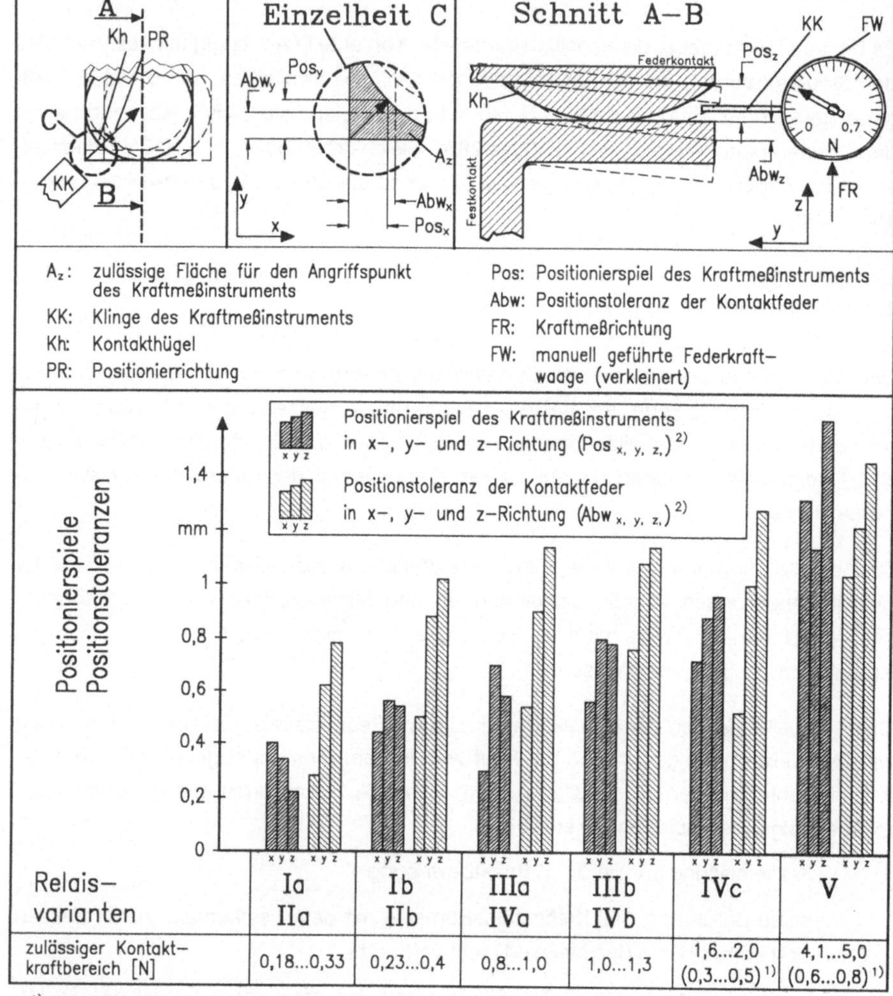

A_z: zulässige Fläche für den Angriffspunkt des Kraftmeßinstruments KK: Klinge des Kraftmeßinstruments Kh: Kontakthügel PR: Positionierrichtung	Pos: Positionierspiel des Kraftmeßinstruments Abw: Positionstoleranz der Kontaktfeder FR: Kraftmeßrichtung FW: manuell geführte Federkraft-waage (verkleinert)

Relais-varianten	Ia IIa	Ib IIb	IIIa IVa	IIIb IVb	IVc	V
zulässiger Kontakt-kraftbereich [N]	0,18...0,33	0,23...0,4	0,8...1,0	1,0...1,3	1,6...2,0 (0,3...0,5) [1]	4,1...5,0 (0,6...0,8) [1]

[1] geklammerte Werte für Hilfskontakte

[2] Mittelwerte aus Stichproben von je 100 Relais

Bild 7: Verhältnis von Positionierspielen und Positionstoleranzen zum Messen der Kontaktkräfte

Bei den Relaistypen ist die Positionstoleranz der Kontaktfeder in nahezu allen Richtungen größer als das zur Verfügung stehende Positionierspiel des Kraftmeßinstruments. Daraus folgt, daß die räumliche Lage der Kontaktfedern vor dem Messen der Kontaktkräfte ermittelt werden muß, wenn ein Meßverfahren eingesetzt wird, bei dem das Kraftmeßinstrument zwischen Fest- und Federkontakt greift.

3.2.2.3 Messen der Kontaktabstände

Für Balanced-Force-Relais besteht die Forderung, daß ein kritischer Kontaktabstand nicht unterschritten werden darf, damit eine ausreichende Kurzschlußsicherheit der Relais gewährleistet ist.

Derzeit erfolgt das manuelle Messen der Kontaktabstände mit einer elektrisch leitenden Lehre mit dem kritischen Kontaktabstand als Dicke, die zwischen die geöffneten Kontaktpaarungen hineinführbar sein muß, ohne daß der jeweilige Kontakt überbrückt wird. Dieser Vorgang benötigt eine komplexe 5-achsige Lehrenbewegung, die von der Justageperson visuell und taktil gesteuert wird. Aufgrund der Lötverbindungen haben die Kontaktpaarungen nicht reproduzierbare Konturen; sie sind zudem nur aus einer Richtung zugänglich.

Wenn alle oder nahezu alle justierten Relais außerhalb des kritischen Kontaktabstandes liegen, ist es möglich, die Justagegröße Kontaktabstand aus dem automatischen Justageprozeß zu entkoppeln. Im Anschluß an diesen Justageprozeß müssen dann alle Relais auf korrekten Kontaktabstand überprüft werden und die als fehlerhaft erkannten nachjustiert oder ausgesondert werden.

Für jede Typengruppe wurde die reale Verteilung der Kontaktabstände justierter Relais ermittelt, die ohne Berücksichtigung der Kontaktabstände justiert wurden. Bild 8 zeigt die Bereiche unzulässiger Kontaktabstände und die reale Verteilung der Kontaktabstände dieser Relais. Bei den untersuchten Balanced-Force-Relais beträgt unter diesen Voraussetzungen der Anteil der Kontakte mit unzulässigem Abstand durchschnittlich 7,1 %. Dieser Ausschußanteil ist so groß, daß eine Entkoppelung der Justagegröße Kontaktabstand nicht sinnvoll ist.

Für einen geringen Ausschußanteil und eine geringe Anzahl Justageschleifen soll die Meßgenauigkeit möglichst hoch sein. Die Genauigkeit des angewandten manuellen Meßverfahrens liegt bei $< \pm 0,05$ mm.

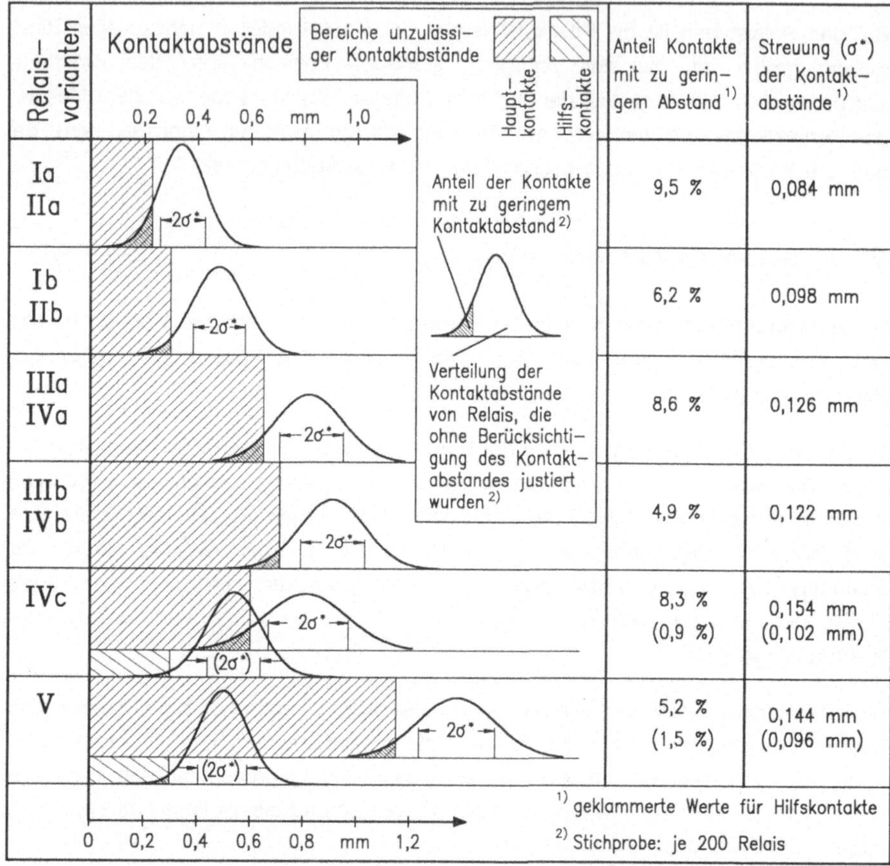

Bild 8: Bereiche unzulässiger Kontaktabstände und reale Verteilung der Kontakt- abstände justierter Relais

3.2.3 Analyse der Aktorikfunktionen

3.2.3.1 Justage der Magnetfelder von Permanentmagneten

Die Remanenzinduktion des Permanentmagneten beeinflußt beim Schaltvorgang zu- sammen mit dem sich dabei ändernden Luftspalt sämtliche Schaltwerte. Die Analyse der manuellen Justage zeigte, daß sie für einen erfolgreichen Justageschritt so genau ein- stellbar sein muß, daß die Schaltspannungen mit einer Wiederholgenauigkeit von 1 % der Nennspannung eingestellt werden können. Unter dieser Vorraussetzung ist die Re- manenzinduktion mit einer Genauigkeit von 5 · 10⁻⁵ T einzustellen; hierfür muß das Magnetfeld mit einer Genauigkeit von 0,02 A/m erzeugt werden. Die größte Magnetisierfeldstärke, bei der Sättigung des Permanentmagneten erreicht wird, liegt bei 2,5 A/m.

Die Abhängigkeiten der Justagegrößen von der Stellgröße Magnetisierungsgrad schwanken so stark bei unterschiedlichen Justagezuständen, daß der geeignete Wert der Stellgröße Magnetisierungsgrad nur in einem unbestimmten Justagevorgang bestimmt werden kann.

3.2.3.2 Justage von Bauteilpositionen durch plastische Verformungen

Festkontakte und Rückholfedern von Balanced-Force-Relais müssen in zwei Richtungen plastisch verformt werden, damit die geforderten Justagewerte erreicht werden können. Mit Ausnahme der Justage des Kontaktabstandes ist die zu verändernde Bauteilposition nur das Mittel, um Auflagerkräfte an Kontakten oder Rückholfedern einzustellen. Aufgrund der ungünstigen Zugänglichkeiten lassen sich an den betrachteten Relais die Biegeoperationen nur durch freies Biegen /46/, /47/ durchführen.

Die Biegejustageprozesse der untersuchten Balanced-Force-Relais unterscheiden sich bezüglich der maximal notwendigen Biegekräfte und der maximalen Verformwege. Die Größenordnungen dieser Kennwerte zeigt Bild 9.

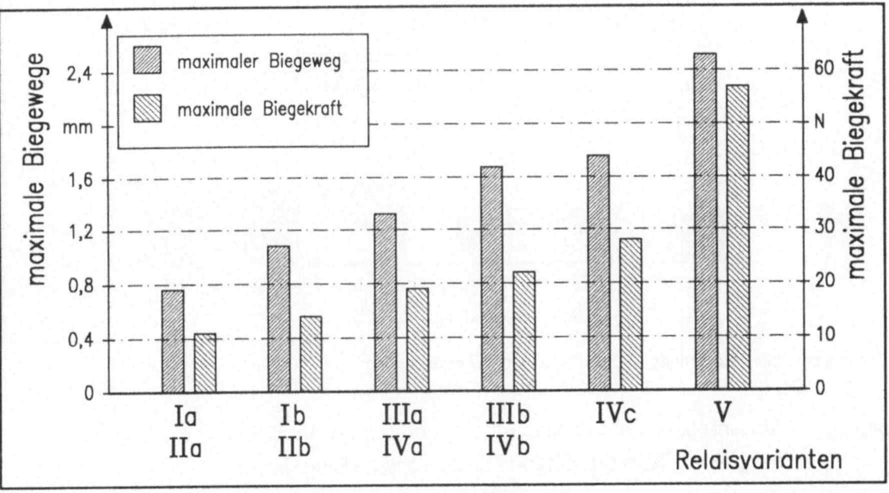

Bild 9: Maximal notwendige Biegewege und Biegekräfte

Die Analyse der Justagemodelle ergab, daß für eine zielgerichtete Justage mit diesen plastischen Verformungen die Kontaktkräfte mit einer Wiederholgenauigkeit von 2 % des Kraftbereiches und die Schaltspannung an der Spule mit einer Wiederholgenauigkeit von 1 % der Nennspannung mindestens einstellbar sein müssen. Das Bild 10 zeigt die Abhängigkeiten der Kontaktkräfte und Schaltspannungen von den Änderungen der Positionen der Fixkontakte und die sich daraus ergebenden zulässigen Biegefehler.

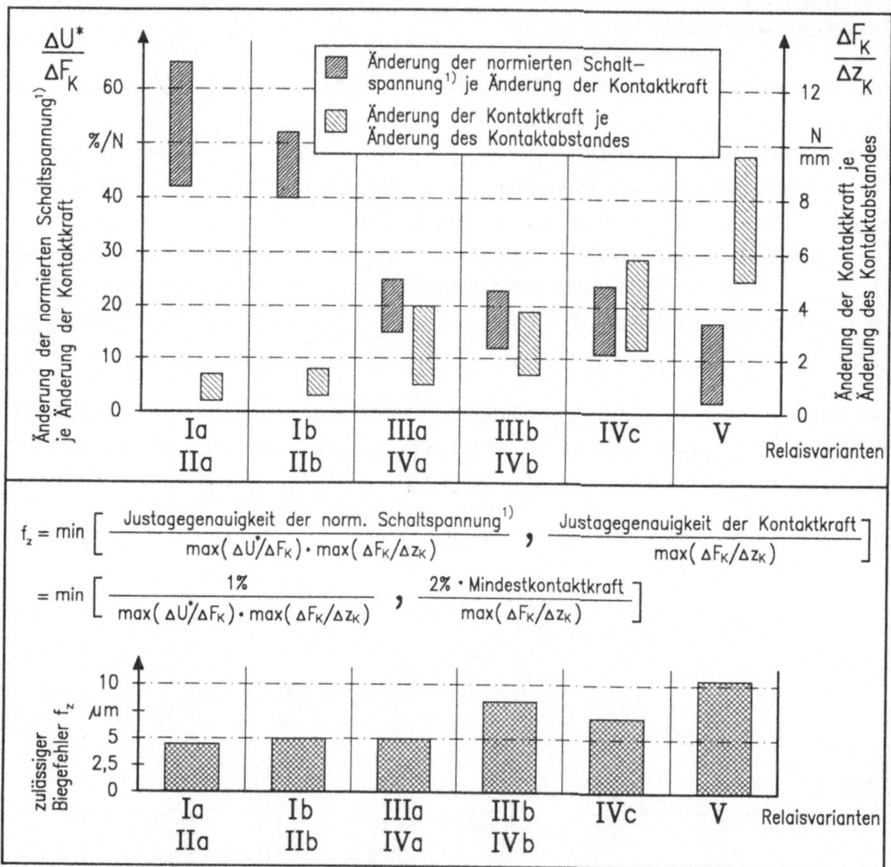

$$f_z = \min\left[\frac{\text{Justagegenauigkeit der norm. Schaltspannung}^{1)}}{\max(\Delta U^*/\Delta F_K) \cdot \max(\Delta F_K/\Delta z_K)}\,,\ \frac{\text{Justagegenauigkeit der Kontaktkraft}}{\max(\Delta F_K/\Delta z_K)}\right]$$

$$= \min\left[\frac{1\%}{\max(\Delta U^*/\Delta F_K) \cdot \max(\Delta F_K/\Delta z_K)}\,,\ \frac{2\% \cdot \text{Mindestkontaktkraft}}{\max(\Delta F_K/\Delta z_K)}\right]$$

[1] normierte Schaltspannung = Schaltspannung/Nennspannung

Bild 10: Abhängigkeit der Schaltspannung und der Kontaktkräfte von den Änderungen der Kontaktabstände und zulässige Biegefehler

Die ermittelten zulässigen Biegefehler, die sich aus dem Einfluß der Kontaktabstände und Rückholfederpositionen auf Spreizungsintervalle und Zwischenstellungen des

Ankers ergeben, sind höher als die in <u>Bild 10</u> ermittelten; deshalb werden diese Ergebnisse nicht einzeln aufgeführt.

3.3 Folgerungen aus den Analyseergebnissen

Verschiedene Relaistypen erfordern unterschiedliche Justageumfänge. Die umfangreichsten Anforderungen bestehen in der Justage von Balanced-Force-Relais.

Für eine Automatisierung der Justage von Balanced-Force-Relais sind verschiedene Teilsysteme in Form von Sensorik- und Aktorikfunktionen sowie ein Systems zur Steuerung dieser Funktionen notwendig. Die optimale Realisierung folgender Teilsysteme kann nicht vom Stand der Technik abgeleitet werden:

Das <u>Messen der Kontaktkräfte</u> erfordert definierte Relativpositionen der Sensoreinheit zu Feder- und Festkontakt oder ein gegenüber dem manuell angewendeten Meßprinzip geändertes Meßverfahren.

Das <u>Messen der Kontaktabstände</u> wird durch eine ungünstige Zugänglichkeit und durch ungleichmäßige Konturen und Positionen der Meßobjekte behindert.

Mit dem <u>Biegejustieren</u> müssen an einem Relais verschiedene Teile (Festkontakte und Rückholfeder) mit einer hohen Genauigkeit plastisch verformt werden. Dadurch daß in der Regel nicht die Position sondern die Auflagekraft und das Schaltverhalten die endgültigen Justagegrößen bilden, ist es möglich, daß die Biegeteile aufgrund sich ändernder Biegezielwerte mehrmals hin- und hergebogen werden und sich ihr Biegeverhalten ändert.

Das <u>System zur Justagesteuerung</u> hat neben der Steuerung der Sensorik- und Aktorikfunktionen multikriteriale Entscheidungen in einem multifunktional verflochtenen Regelkreis zu fällen, da in den Justageregelkreisen bis zu 10 Stell- und 34 Justagegrößen existieren und deren Abhängigkeiten stark schwanken.

Für diese Teilsysteme sind die Anforderungen festzulegen sowie alternative Lösungskonzepte aufzustellen, zu bewerten und die am besten geeigneten auszuwählen. Für besonders kritische Teilsysteme sind für eine Realisierungsgrundlage weiterreichende Entwicklungen durchzuführen.

Die Typen I - IV haben einen quaderförmigen Grundkörper und decken 96 % der Stückzahlen ab. Deshalb ist für diese Typen eine Pilotanlage zu realisieren, die deren Anforderungen erfüllt.

3.4   <u>Anforderungen an automatisierte Justagesysteme für Balanced-Force-Relais</u>

3.4.1   Gesamtsystem

Neben den Teilsystemen für Sensorik- und Aktorikfunktionen sowie für die Justage-steuerung bildet das Handhabungs- und Bereitstellungsystem ein weiteres System in einer automatischen Justagezelle, das die Werkstücke an die entsprechenden Positionen zu transportieren hat. Die Gesamtjustagezeit setzt sich zusammen aus direkt die Justage betreffenden Zeitanteilen und aus indirekt die Justage betreffenden Zeitanteilen wie die Ermittlung der Strategie und die Handhabung der Relais. Somit ist das Bewegungsverhalten des Handhabungsgerätes ein Einflußfaktor zur Optimierung der Taktzeiten /48/.

Die allgemeinen Anforderungen an ein Gesamtsystem zur Justage von Balanced-Force-Relais sind in <u>Bild 11</u> aufgeführt.

Anforderungen an das Gesamtsystem

- ■ Justageflexibilität für die Balanced-Force-Relais der Typenklassen I - IV
- ■ mindestens eine freiprogrammierbare und eine festeinstellbare Achse für das Handhabungs- und Bereitstellungssystem
- ■ Taktzeit zum Positionswechsel der Werkstücke < 2 s
- ■ schonende Werkstückhandhabung
- ■ Pufferkapazität > 30 min
- ■ Positioniergenauigkeit des Handhabungssystems: ± 0,1 mm
- ■ keine Beeinflussung von Sensorik, Aktorik oder Steuerung durch elektro-magnetische Wellen , die durch Schwingungen des Handhabungsgeräts oder durch die Permanentmagnetjustage entstehen können
- ■ Reinraumtauglichkeit Klasse 10.000 für alle Komponenten
- ❑ kurze Umrüstzeiten
- ❑ automatische Umrüstung
- ❑ hohe Verfügbarkeit
- ❑ geringe Investitionskosten

■ Mußanforderung	❑ Sollanforderung

<u>Bild 11:</u>   Anforderungen an das Gesamtsystem

3.4.2 Steuerungssystem zur Justage

Die Anforderungen an das Steuerungssystem sind in <u>Bild 12</u> dargestellt und beziehen sich auf drei Aufgaben:

- Aufnahme von Sensordaten,

- Entscheidung über die notwendige Justageaktion und

- Ansteuerung von Handhabungs- und Justageaktionen.

Anforderungen an das Steuerungssystem

- ■ Beurteilung des Justagezustandes
- ■ Entscheidung über die Art der notwendigen Stellgrößen
- ■ Entscheidung über den Wert der notwendigen Stellgrößen
- ■ Beherrschung schwankender Justageverhalten der Relais
- ■ Aufbau von Master-Slave-Beziehungen
- ■ modularisierter Aufbau der Ablaufprogramme
- ■ einheitliche Schnittstellen für die Standard-Hardwarekomponenten
- ■ integrierte Fehlerüberwachung und Diagnose
- ■ Einleitung von Störfallstrategien
- ☐ zeitparallele Steuerung mehrerer Funktionen
- ☐ Verwendung von Standardkomponenten für Hard- und Software
- ☐ geringer Programmieraufwand
- ☐ einfache menügeführte Bedienung

■ Mußanforderung   ☐ Sollanforderung

<u>Bild 12:</u>   Anforderungen an das Steuerungssystem

3.4.3 Messen der Kontaktkräfte

Bei dem Messen der Kontaktkräfte ist sicherzustellen, daß trotz der ungünstigen Zugänglichkeit die Parallelität der Meßrichtung, die korrekte Positionierung und der Ausschluß von Reibkräften gewährleistet ist (<u>Bild 13</u>) .

<table>
<tr><td colspan="2">Anforderungen an das System zum Messen der Kontaktkräfte</td></tr>
<tr><td>■</td><td>Meßbereich: 0 bis 5 N</td></tr>
<tr><td>■</td><td>Meßgenauigkeit < ± 0,005 N</td></tr>
<tr><td>■</td><td>drei freiprogrammierbare Achsen</td></tr>
<tr><td>■</td><td>Positioniergenauigkeit < ± 0,025 mm</td></tr>
<tr><td>■</td><td>Taktzeit je Kontakt < 1 s</td></tr>
<tr><td>□</td><td>Möglichkeit zum Positionsvermessen der Federkontakte oder Übernahme der notwendigen Daten vom System zum Vermessen der Kontaktabstände</td></tr>
<tr><td>■   Mußanforderung</td><td>□   Sollanforderung</td></tr>
</table>

Bild 13: Anforderungen an das System zum Messen der Kontaktkräfte

3.4.4 Messen der Kontaktabstände

Neben der Sicherstellung eines minimalen Kontaktabstandes ist es günstig, wenn Informationen über die Position der Kontakte vom System zum Messen der Kontaktkräfte weiter verwertet werden können. Die Anforderungen sind in <u>Bild 14</u> zusammengefaßt.

<table>
<tr><td colspan="2">Anforderungen an das System zum Messen der Kontaktabstände</td></tr>
<tr><td>■</td><td>Fläche des Meßbereiches > 25 x 20 mm</td></tr>
<tr><td>■</td><td>Meßgenauigkeit < ± 0,05 mm</td></tr>
<tr><td>■</td><td>Beherrschung variierender Kontaktpositionen und -konturen</td></tr>
<tr><td>■</td><td>Taktzeit je Kontakt < 1 s</td></tr>
<tr><td>■</td><td>Toleranzausgleich der Kontaktpositionen in den Richtungen senkrecht zum zu messenden Abstand von bis zu 0,3 und 0,4 mm</td></tr>
<tr><td>□</td><td>Vermessen der Kontaktpositionen senkrecht zum zu messenden Abstand und Übergabe der Daten an das System zur Kontaktkraftmessung</td></tr>
<tr><td>■   Mußanforderung</td><td>□   Sollanforderung</td></tr>
</table>

Bild 14: Anforderungen an das System zum Messen der Kontaktabstände

3.4.5 System zur Justage von Bauteilpositionen durch plastische Verformungen

Biegezielwerte, die sich Verlauf der Justage ändern, müssen ebenso beherrschbar sein wie schwankende Werkstoffparameter und Eigenspannungen, die bereits durch die Fertigung entstanden sind oder die sich nach mehreren Biegevorgängen ausgebildet haben.

Die zu realisierenden Biegewege sind das Mittel (also Stellwerte), um Kräfte oder Relativabstände zwischen Feder- und Festkontakt bzw. zwischen Anker und Rückholfeder zu justieren. Wünschenswert ist der Einsatz eines positionsübergreifenden Direktjustageverfahrens, das sich nicht an der Absolutposition des Biegebauteils sondern direkt an den Kräften oder den Relativabständen orientiert. Somit können alle Kontrollvorgänge entfallen, die überprüfen müssen, ob mit den durchgeführten Stellvorgängen auch tatsächlich die gewünschten Justagewerte erzielt worden sind.

<table>
<tr><td colspan="2">Anforderungen an das System zum Verändern von Bauteilpositionen durch plastische Verformungen</td></tr>
<tr><td>■</td><td>Biegegenauigkeit < 0,005 mm</td></tr>
<tr><td>■</td><td>maximale Biegewege von 2 mm</td></tr>
<tr><td>■</td><td>maximale Biegekräfte von 70 N</td></tr>
<tr><td>■</td><td>bidirektionales Biegen</td></tr>
<tr><td>■</td><td>Biegetaktzeit < 1,5 s</td></tr>
<tr><td>■</td><td>drei freiprogrammierbare Achsen</td></tr>
<tr><td>■</td><td>Beherrschung ändernder Biegezielwerte</td></tr>
<tr><td>■</td><td>Beherrschung bestehender Eigenspannungen</td></tr>
<tr><td>■</td><td>Beherrschung von Toleranzen in den Werkstoffkennwerten</td></tr>
<tr><td>□</td><td>Integrierte Überprüfung des Biegeergebnisses</td></tr>
<tr><td>□</td><td>Positionsübergreifende Direktjustage von Kräften oder Relativabständen zwischen Feder- und Festkontakt oder zwischen Anker und Rückholfeder</td></tr>
<tr><td>■ Mußanforderung</td><td>□ Sollanforderung</td></tr>
</table>

Bild 15: Anforderungen an das System zum Verändern von Bauteilpositionen durch plastische Verformungen

4 Konzeption eines Gesamtsystems für die automatische Justage von Balanced-Force-Relais

Ein Gesamtsystem beinhaltet die Teilsysteme, die einerseits der Sensorik andererseits der Aktorik zuzuordnen sind (Bild 16).

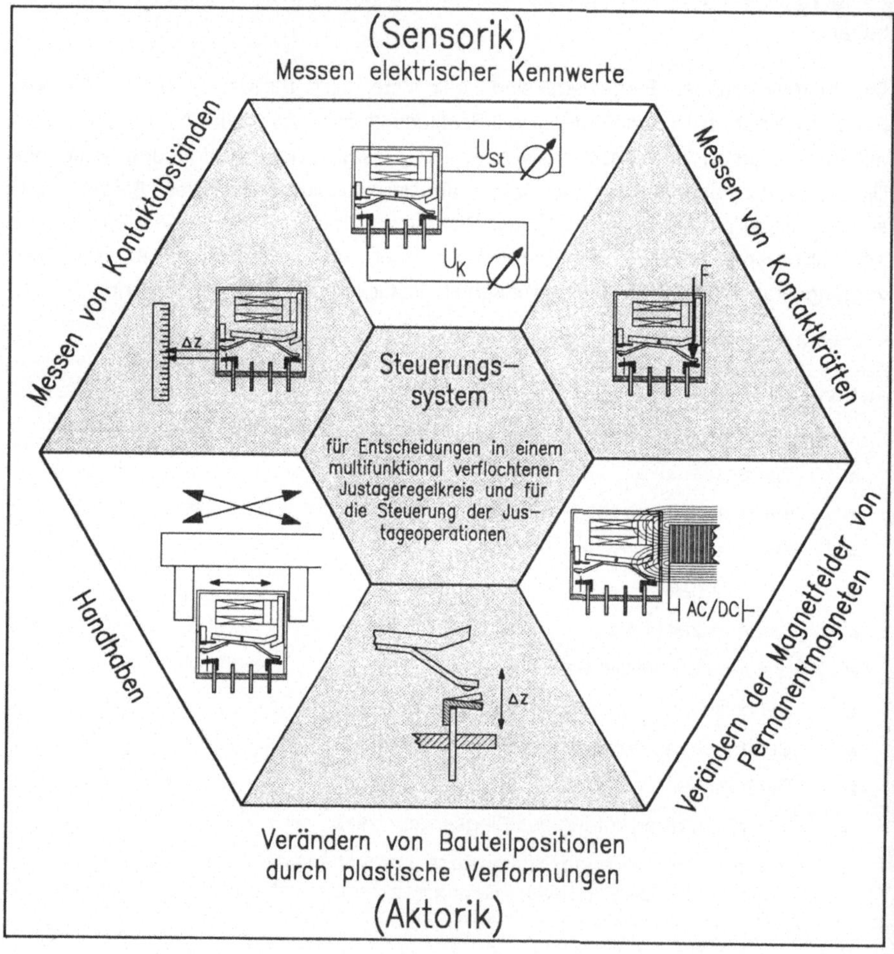

Bild 16:   Aufgaben innerhalb eines Gesamtsystems zur automatischen Justage von Balanced-Force-Relais

Darüber ist das Steuerungsystem als weiteres Teilsystem notwendig, um die Bereiche von Sensorik und Aktorik miteinander zu verbinden. Während das Messen elektrischer Kennwerte /49/, das Handhaben /50/, /48/ der quaderförmigen Relais und das Magnetisieren /51/, /52/ dem Stand der Technik zuortbar sind, existieren für die übrigen Teilsysteme keine Applikationen, aus denen die optimale Konfiguration für die Relaisjustage abgeleitet werden kann. Für diese Teilsysteme werden alternative Konzepte aufgestellt und bewertet.

4.1 Konzeption eines Steuerungssystems zur Justage

Ein Steuerungssystem für multifunktional verflochtene Justageregelkreise muß die Steuerung von Stellgrößen zur Erreichung mehrerer Justagegrößen ermöglichen. Eine Basis für die Entscheidungen bildet die vernetzte Abhängigkeit zwischen Justage- und Stellgrößen. Auf die sich in der Praxis ändernden Abhängigkeiten muß sich das Steuerungssystem einstellen.

Die Entscheidungen des Steuerungssystems können in drei Ebenen klassifiziert werden:

- Auswahl der Justagestrategie,

- Ermittlung der Stellwerte und

- Anpassung an verändertes Systemverhalten.

In Bild 17 sind für die Funktionen des Entscheidungssystems alternative Realisierungsmöglichkeiten aufgeführt und morphologisch die sinnvollsten Kombinationen zusammengefaßt; weiterhin ist die Erfüllung der wichtigsten Zielkriterien zur Bewertung dieser Kombinationen dargestellt.

Bei der Bewertung zeigt es sich, daß eine auf der Fuzzy-Set-Theorie basierende Logik mit einer automatischen Anpassung an veränderliches Systemverhalten das günstigste Entscheidungsverhalten hervorzubringen verspricht. Aufgrund der erwarteten hohen Anzahl notwendiger Regeln und der notwendigen dynamischen Anpassung kann hier kein Systemprogramm "von der Stange" eingesetzt werden, sondern es muß ein spezielles System entwickelt werden.

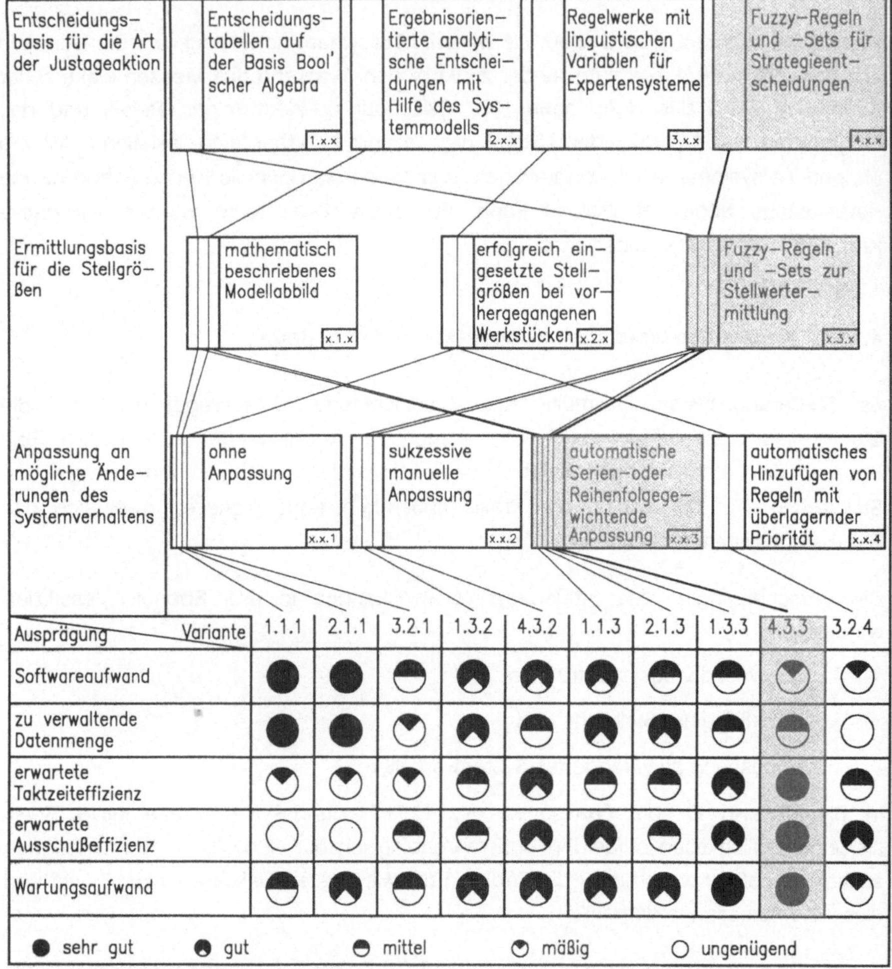

Ausprägung \ Variante	1.1.1	2.1.1	3.2.1	1.3.2	4.3.2	1.1.3	2.1.3	1.3.3	4.3.3	3.2.4
Softwareaufwand	●	●	◒	◓	◓	◓	◒	◒	◔	◔
zu verwaltende Datenmenge	●	●	◔	◓	◒	◓	●	◒	◒	○
erwartete Taktzeiteffizienz	◔	◔	◔	◒	◓	◒	◓	◓	●	◒
erwartete Ausschußeffizienz	○	○	◒	◓	◓	◓	◓	●	●	◕
Wartungsaufwand	◒	◕	◒	◓	◓	●	◕	●	●	◔

<u>Bild 17:</u>   Entscheidungsmatrix für die Funktionen eines multikriterialen Steuerungs- systems

4.2   Messen von Kontaktabständen

In <u>Bild 18</u> sind die sinnvollsten Konzepte aufgestellt; sie nutzen die Signale optischer, mechanischer und elektrischer Komponenten zum Messen der Kontaktabstände.

Bei der optischen Messung werden die Fest- und Federkonkte mit einer Lichtquelle beleuchtet und die Positionen der reflektierenden Flächen mit einer Kamera erfaßt.

Die Konzepte mit mechanischen Komponenten haben eine Linearachse mit Signalrückführung, die parallel zum Kontaktabstand an den Kontakten entlang fährt. Die Zuordnung der Kontaktpositionen zur Achsenposition erfolgt über Signale des Lasermeßsystems (optisch) oder über elektrische Signale durch die Überbrückung von Festkontakt und elastisch verformtem Federkontakt. Bei der elektrischen Messung wird die an die Kontaktpaarung angelegte Hochspannung so lange vergrößert, bis ein Kurzschluß erfolgt. Der Höhe der Kurzschlußspannung kann ein Kontaktabstand zugeordnet werden.

Meßprinzip	optisch	mechanisch-optisch	mechanisch elektrisch	elektrisch
Funktions-aufbau				
System-kompo-nenten	CCD–Kamera Bildverarbeitungs-system Beleuchtung	Laserdistanzmeß-gerät steuerbare Linear-achse mit auswert-barem Positions-signal	Spannungsmeßgerät steuerbare Linear-achse mit auswert-barem Positions-signal	Hochspannungs-meßgerät Hochspannungs-generator
Meßsignal				
Taktzeit	< 1s je Kontaktreihe	2,5...3 s je Kontakt	2,5...3 s je Kontakt	< 0,5 s je Kontakt
Investition	100 %	80 %	50 %	50 %
Aus-prägung	– nur Messen von Kantenpositionen möglich – Störungen durch Reflexionen + keine Mechanik + kurze Taktzeit + hohe Verfügbar-keit im Durch-lichtverfahren	– geringe Tiefen-schärfe – minimale Auflö-sung > 0,1 mm – hohe Taktzeit + Meßsignale paral-lel und senkrecht zur Meßrichtung	– Gefahr von Be-schädigungen der Kontaktfeder – hohe Taktzeit – gute Zugänglich-keit notwendig – Fehler durch Elastizitäten am Betätiger + einfaches Meß-prinzip	– Sicherheitsvor-kehrungen sind notwendig – Kontaktbeschädi-gungen möglich – konstante Umge-bung notwendig – keine Positions-informationen + keine Mechanik + beste Kurz-schlußsicherheit

Bild 18: Konzepte zum Messen von Kontaktabständen und ihre Ausprägungen

Für das Beispiel der Balanced-Force-Relais hat das Konzept mit optischem Meßprinzip die am besten geeigneten Eigenschaften.

4.3 Messen von Kontaktkräften

Die Bestimmung von Kontaktkräften ist über die direkte Kraftmessung oder die direkte bzw. indirekte Auswertung der Federkennlinien möglich ($\underline{\text{Bild 19}}$).

Meßprinzip	direkte Kraftmessung	direkte Kennlinienauswertung	indirekte Kennlinienauswertung
Funktionsaufbau	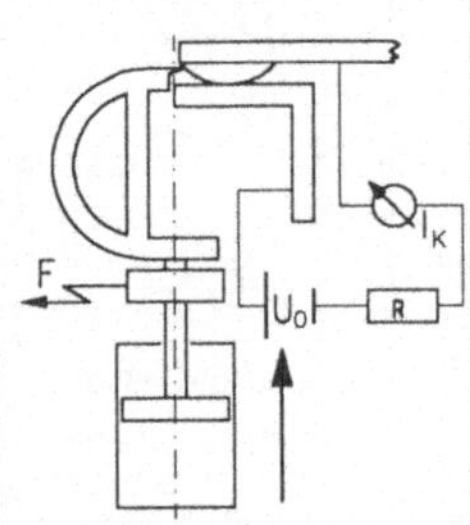	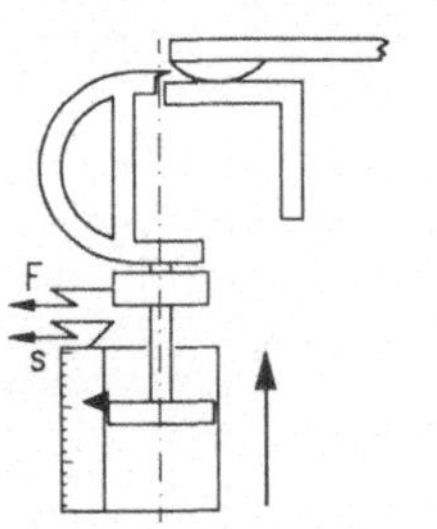	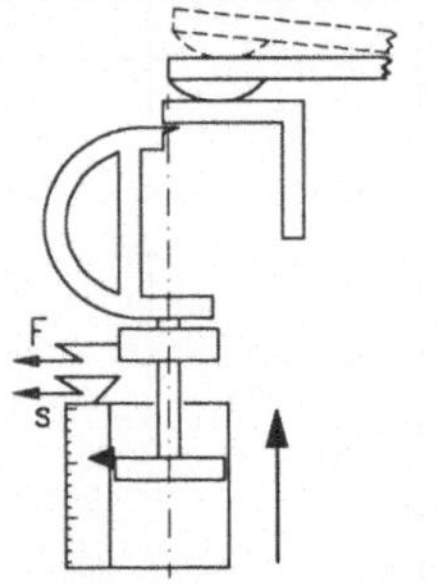
Systemkomponenten	– Linearantrieb – Kraftsensor – Spannungsmeßgerät	– Linearantrieb – Kraftsensor – Wegmeßsystem	– Linearantrieb – Kraftsensor – Wegmeßsystem
Meßsignal	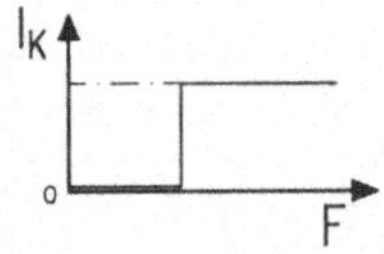	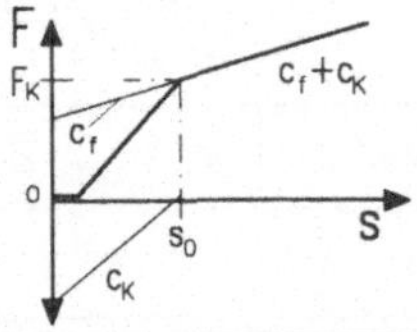	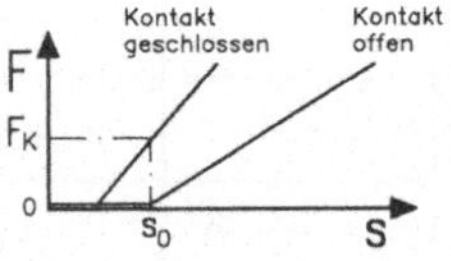
Taktzeit	1,5...2 s je Kontakt	1,5...2 s je Kontakt	2...2,5 s je Kontakt
Realisierungskosten	40 %	100 %	100 %
Ausprägung	– vorhergehende Positionsermittlung notwendig + einfacher Meßaufbau + Kraftsignal ist direkt lesbar + geringe Anzahl von Meßdaten	– vorhergehende Positionsermittlung notwendig – hoher Rechenaufwand zur Bestimmung der Steigungsänderung – hohe Meßauflösung notwendig + Kraftsignal ist direkt lesbar	– Zweifachmessung erforderlich – Fehler durch Reibung und Änderung in den Hebellängen + geringe Positionieranforderung

Bild 19: Konzepte zum Messen von Kontaktkräften und ihre Ausprägungen

Bei der direkten Kraftmessung wird der Kontakt angehoben und das Kraftsignal bei Unterbrechung des elektrischen Kontaktes ausgewertet.

Die indirekte Kennlinienauswertung verformt den Festkontakt jeweils elastisch bei geöffnetem und geschlossenem Federkontakt. Die Kontaktkraft entspricht dann dem Kraftwert, den die Kontakt-geschlossen-Kurve an der Wegposition s_0 hat, an der bei der "Kontakt-offen-Kurve" der Kraftanstieg beginnt.

Das Verfahren mit direkter Kennlinienauswertung hebt den Federkontakt ab und wertet die Kraft an dem Punkt aus, an dem der Festkontakt keine Federkomponente mehr einbringt. Der Punkt ist durch ein Abknicken der Federkennlinie erkennbar.

Die Ausprägungen in Bild 18 zeigen, daß das Verfahren zur direkten Kraftmessung die meisten Vorteile bietet; hierfür muß jedoch die räumliche Position der Kontaktpaarung sensorisch ermittelt werden. Diese Positionsermittlung kann durch das Bildverarbeitungssystem des im vorangegangenen Kapitel ausgewählten Verfahrens zum Messen der Kontaktabstände in der Ebene erfolgen, die senkrecht zur Meßrichtung liegt; die dritte Positionskoordinate parallel zur Meßrichtung kann dabei durch iteratives Antasten der Kraftmeßkomponente erfolgen.

4.4   Verändern von Bauteilpositionen durch Biegejustieren

Die alternativen Konzepte zum Biegejustieren unterscheiden sich durch den Steuerungs- und Sensoraufwand sowie in der Art der Justageregelkreise (Bild 20) .

Das gesteuerte Biegejustieren zeichnet sich dadurch aus, daß das Biegebauteil auf eine definierte Endposition verformt wird, ohne daß die Rückfederung kontrolliert wird. Es kann in das anschlaggesteuerte und das istmaßgesteuerte Biegejustieren unterschieden werden. Beim anschlaggesteuerten Biegejustieren wird unabhängig von der Ausgangsposition dem Bauteil ein Biegeweg aufgezwungen, der durch eine feste Endposition begrenzt wird.

Ausgehend von nahezu konstanten Werkstoffkennwerten und einem elastisch-idealplastischen Werkstoffverhalten können mit diesem Verfahren Mittelwerte verschoben und Streuungen eingegrenzt werden, wie in Bild 21 hergeleitet ist. Voraussetzung hierbei ist, daß alle Bauteile mindestens in den plastischen Bereich verformt werden.

	gesteuertes Biegejustieren	weggeregeltes Biegejustieren	fließkurvengeregeltes Biegejustieren
Vorgehen	Biegen auf einen definierten Anschlag, der fest eingestellt ist oder nach dem Messen der Istposition berechnet wird kein Messen des erzielten Biegeergebnisses	Messen der Istposition und Biegen auf berechnete Endposition in iterativen Schritten Messen des erzielten Biegeergebnisses nach jedem Biegen	Berechnung der Endposition und des erzielten Biegeergebnisses on–line aus der Biegefließkurve
Regelkreise	anschlaggesteuert istmaßgesteuert	einfache Wirkrichtung doppelte Wirkrichtung	einfache Wirkrichtung doppelte Wirkrichtung

Legende:
- 1 richtig gebogen?
- 2 zu wenig gebogen?
- V : Vormontage
- F : Fertigmontage
- A : Ausschuß

<u>Bild 20:</u>   Konzepte alternativer Biegejustageverfahren

Diese Voraussetzung kann durch folgende Verfahren sichergestellt werden:

- Anbringen von Kerben im Biegebauteil, damit Spannungsspitzen zu einem frühen Beginn der plastischen Verformung führen,

- Plastisches Vorbiegen in entgegengesetzte Richtung,

- Fertigung der Biegebauteile mit genügend großer Abweichung der Istposition von der Sollposition.

Das <u>istmaßgesteuerte Biegejustieren</u> berücksichtigt die zuvor zu messende Position des Biegebauteils und verformt das Biegebauteil elastisch-plastisch unter der Annahme konstanter Werkstoffkennwerte und der idealisierten Biegefließkurve auf das Endmaß s_{end}, das sich nach der Herleitung in <u>Bild 21</u> berechnet.

Mit diesem Verfahren können gezielt Positionen verändert werden, die auf das Verhalten der Relais Einfluß nehmen, während sich durch das anschlaggesteuerte Biegejustieren lediglich fertigungstechnische Toleranzen eingrenzen lassen bzw. fertigungstechnische oder variantenspezifische Mittelwerte verschieben lassen.

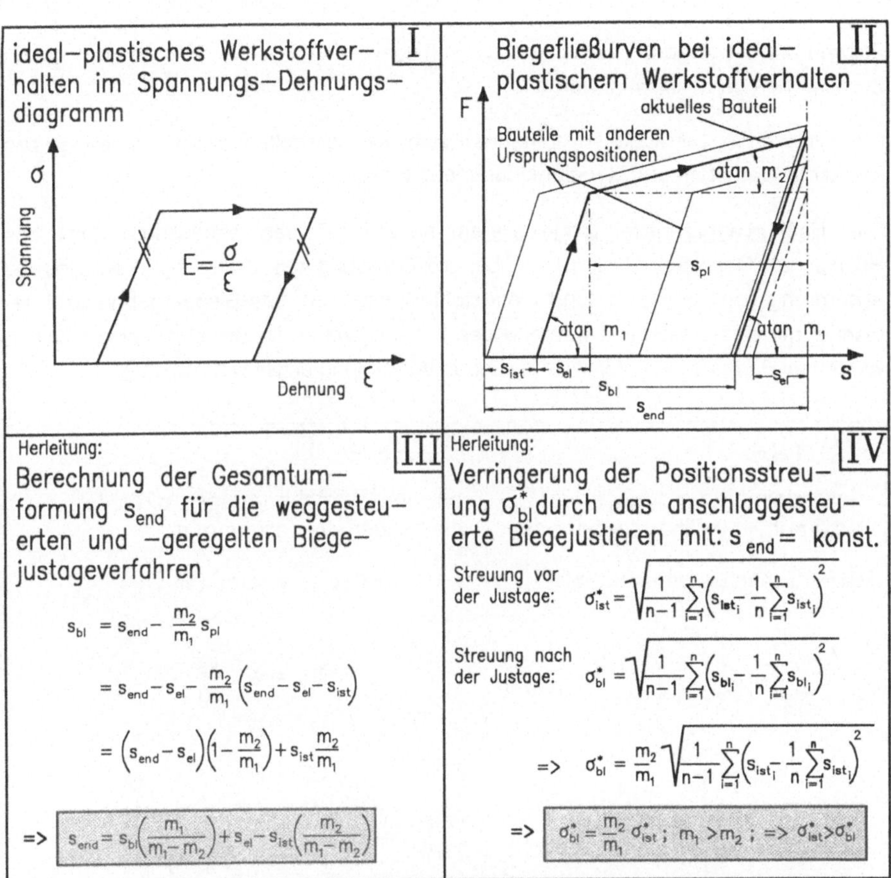

Bild 21: Analytische Herleitungen für die weggesteuerten und -geregelten Verfahren unter Voraussetzung eines elastisch-idealplastischen Werkstoffverhaltens

Das <u>weggeregelte Biegejustieren</u> ist eine Erweiterung des istmaßgesteuerten Biegejustierens um eine Regelstrecke. Hier kann bei nicht erreichter Zielposition der Justageschritt mit einem neu berechneten Zustellwert so oft wiederholt werden, bis die Zielposition innerhalb der geforderten Toleranz liegt.

Das weggeregelte Biegejustieren kann in ein Verfahren mit einfacher und mit doppelter Wirkrichtung unterschieden werden. Bei dem Verfahren mit doppelter Wirkrichtung ist ein Erreichen der Zielposition auch dann möglich, wenn die bleibende Verformung das zulässige Toleranzfeld durchschritten hatte. Genauigkeits- und Taktzeitoptimierungen für den gesamten Biegeprozeß können erzielt werden, wenn die Abweichungen von

Sollwert und Istwert der vorhergegangenen Biegeversuche bei der Vorgabe des neuen Zustellwertes berücksichtigt werden.

Die bis hierhin betrachteten Verfahren zum weggeregelten Biegejustieren setzen konstante Werkstoff- und Geometrieparameter voraus.

Das fließkurvengeregelte Biegejustieren basiert auf den Voraussetzungen des Hook'schen Gesetzes. Es ermittelt über die Erfassung des Kraft-Wege-Verlaufes die Auswirkung von Geometrie- und Werkstofftoleranzen auf das Biegeergebnis und berechnet mit dieser Kenntnis während des Biegens, wann die Belastung abgebrochen werden muß, damit die geforderte bleibende Verformung erzielt wird (Bild 22).

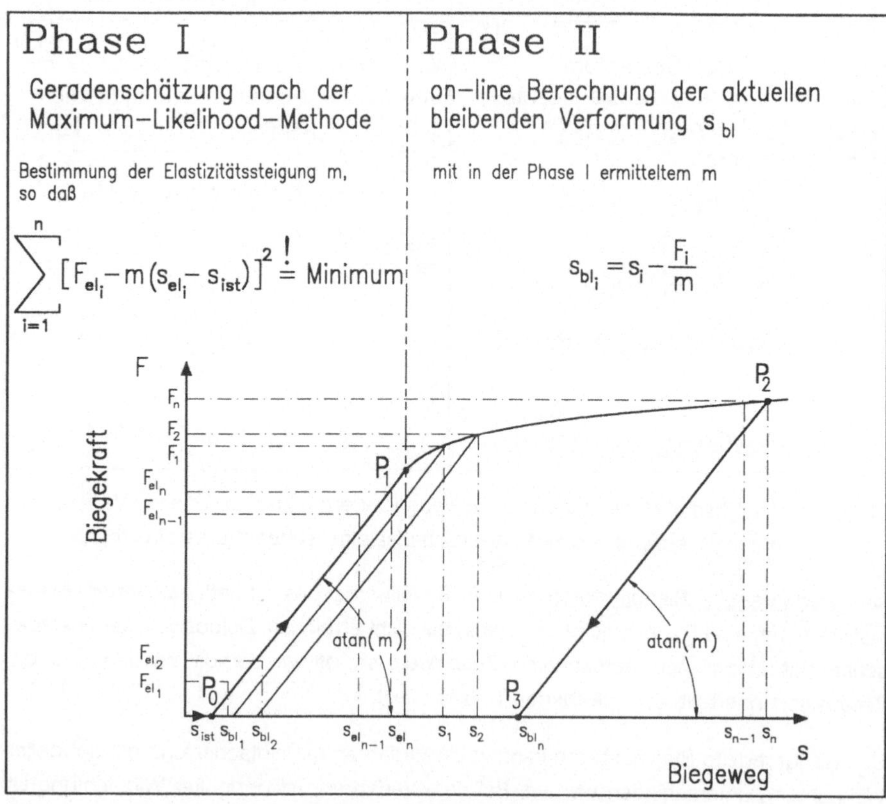

Bild 22:   Funktionsprinzip des fließkurvengeregelten Biegejustierens

Im rein elastischen Biegebereich (P_0 bis P_1) wird über eine Geradenschätzung die Steigung der Fließkurve berechnet. Eine geeignete Methode bietet hier das Verfahren der Maximum Likelihood-Methode /53/, /54/. Zwischen P_1 und P_2 wird quasi kontinuierlich berechnet, wie groß die bleibende Verformung im aktuellen Punkt der Fließkurve bei einem Abbruch des Biegevorgangs sein wird. Sobald das Punktepaar diese Voraussetzung erreicht oder sogar überschritten hat, kehrt der Biegeaktor seine Bewegungsrichtung um und ermittelt in P_3 (F = 0) die Stellung, an der das Biegebauteil seine Rückfederung beendet hat. Dabei können wiederum Konzepte mit einfacher und doppelter Wirkrichtung unterschieden werden.

Bei diesem Verfahren kann mit Hilfe des Kraft-Weg-Verlaufes am Ende des Biegeprozesses ohne eine zusätzliche Sensorik ermittelt werden, wie groß die tatsächlich erzielte bleibende Verformung ist.

Mit den entwickelten Verfahren lassen sich unterschiedliche Justiergenauigkeiten erreichen. Die erforderlichen Genauigkeitsuntersuchungen werden im folgenden am Modell des Biegebalkens und mit Hilfe der FEM-Analyse durchgeführt.

4.4.1 Untersuchungen zur Genauigkeit der Konzepte zum Biegejustieren

4.4.1.1 Analytische Beschreibung der Biegejustage am Biegebalken

Für das Biegejustieren nach den Konzepten der Wegsteuerung oder der Wegregelung ist vorherzubestimmen, wie weit sich das Biegebauteil in Abhängigkeit der aufgezwungenen Endposition nach der Entlastung wieder zurückbiegt.

Aufbauend auf die Theorie von /55/ wird hergeleitet (<u>Bild 23</u>), wie die Toleranzen der werkstofftechnischen Kennwerte:

- Streckgrenze R_{p02},

- Elastizitätsmodul-Modul **E**, die relative Fasersteifigkeit im elastischen Verformungsbereich, und

- die als Gerade idalisierte relative Fasersteifigkeit m^* im plastischen Verformungsbereich

die Biegegenauigkeiten beeinflussen.

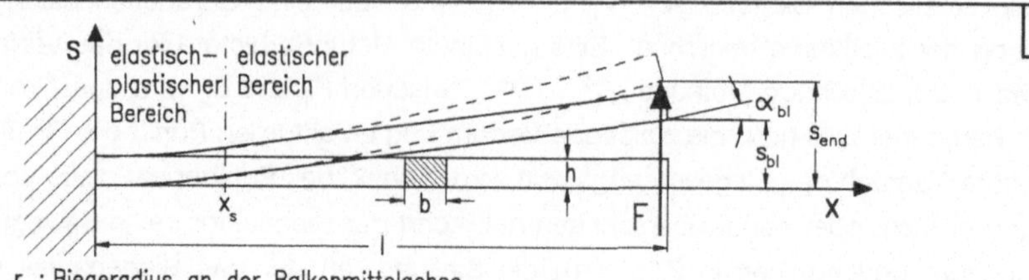

r : Biegeradius an der Balkenmittelachse

x_s : Grenzlänge zwischen elastisch–plastischer Verformung und rein elastischer Verformung

$$x_s = l - \frac{b \cdot h^2 \cdot R_{p02}}{4F}$$

II

für den Biegebalken unter Belastung gilt näherungsweise /55/:

$$\frac{1}{r_p} \sim \frac{1}{J \cdot m^*} \left[F(l-x) - \frac{b \cdot h^2}{4} \left(R_{p02} - \frac{R_{p02}}{E} \cdot m^* \right) \right]$$

$$\alpha_x = \int_0^x \frac{1}{r} \, dx$$

mit dem Biegewinkel α_s und der Durchbiegung s_s am Grenzbereich x_s

$$\alpha_s = \frac{12\, x_s}{b \cdot h^2 \cdot m^*} \left(F(l - \frac{x_s}{2}) - \frac{b \cdot h^2 \cdot R_{p02}}{4} \left(1 - \frac{m^*}{E}\right) \right)$$

$$s_s = \frac{6\, x_s^2}{b \cdot h^3 \cdot m^*} \left(F(l - \frac{x_s}{3}) - \frac{b \cdot h^2 \cdot R_{p02}}{4} \left(1 - \frac{m^*}{E}\right) \right)$$

folgt:

$$s_{end} = s_s + \alpha_s(l - x_s) + \frac{4F(l - x_s)^3}{b \cdot h^2 \cdot E}$$

III

für Biegebalken nach der Entlastung aus dem elastisch–plastischen Bereich gilt:

alle Fasern im Querschnitt erzeugen eine ihrer Dehnung proportionalen Rückfederung; deshalb herrscht an der Randfaser die Spannung:

$$\sigma_{rand} = \frac{M_b}{J} \cdot \frac{h}{2} \qquad \text{mit:} \quad \frac{1}{r_{rück}} = \frac{2\,\sigma_{ael}}{E \cdot h}$$

$$\text{und} \quad \alpha_{bl_x} = \int_0^x \frac{1}{r_{end}} \, dx - \int_0^x \frac{1}{r_{rück}} \, dx \qquad \text{folgt:}$$

$$\alpha_{bl_s} = \frac{12\, x_s}{b \cdot h^3 \cdot m^*} \left(1 - \frac{m^*}{E}\right) \left[F(l - \frac{x_s}{3}) - \frac{b \cdot h^2 \cdot R_{p02}}{4} \right]$$

$$s_{bl_s} = \frac{6\, x_s^2}{b \cdot h^3 \cdot m^*} \left(1 - \frac{m^*}{E}\right) \left[F(l - \frac{x_s}{3}) - \frac{b \cdot h^2 \cdot R_{p02}}{4} \right]$$

$$s_{bl} = y_{bl_s} + \alpha_{bl_s}(l - x_s)$$

IV

Somit können die Durchbiegungen unter Belastung s_p und nach der Entlastung s_{bl} in Abhängigkeit der Kraft F berechnet werden:

$$s_{end} = \frac{b^3 \cdot R_{p02}^3 \cdot h^6 (E - m^*) - 48\, b \cdot l^2 \cdot R_{p02} \cdot h^2 (E - m^*) F^2 + 128\, l^3 \cdot E \cdot F^3}{32\, b \cdot h^3 \cdot m^* \cdot E \cdot F^2}$$

$$s_{bl} = \frac{b^3 \cdot R_{p02}^3 \cdot h^6 (E - m^*) - 48\, b \cdot l^2 \cdot R_{p02} \cdot h^2 (E - m^*) F^2 + 128\, l^3 (E - m^*) F^3}{32\, b \cdot h^3 \cdot m^* \cdot E \cdot F^2}$$

$$s_{bl} = f(s_{end})$$

<u>**Bild 23:**</u>　Analytische Berechnung der Rückverformung am Modell des Biegebalkens

Hierzu wird das Modell des Biegebalkens herangezogen; dabei werden folgende Vereinfachungen getroffen:

- der Biegequerschnitt verändert während des Biegens seine Form nicht; die Schwerpunktfaser ist also biegespannungsfreie Faser,

- das elastische und elastisch-plastische Verhalten des Werkstoffs wird durch 2 Geraden idealisiert. Für den elastischen Bereich gilt die Hook'sche Gerade, die bis zur Fließgrenze des Materials gelten soll. Die Gerade für den elastischen Bereich verläuft mit der Steigung m^* durch den Punkt der Fließgrenze R_{p02}. Zur Feststellung der Steigung m^* wird auf die Fließgrenze des Werkstoffs Bezug genommen.

Mit Hilfe dieser Vereinfachung können die Durchbiegungen s_{end} und s_{bl} des Biegebalkens während und nach der Belastung in Abhängigkeit der Kraft bestimmt werden.

Mit diesen Herleitungen kann bestimmt werden, wie weit Toleranzen der Werkstoffkennwerte die Genauigkeit des Biegejustierens beeinflussen. Deshalb wurden für bestimmte Geometrie- und Werkstoffkennwerte, die in der Dimension charakteristisch für das Biegejustieren von Balanced-Force-Relais sind, die bleibenden Verformungen in Abhängigkeit der Werkstoffkennwerte, die sich innerhalb der Toleranzfelder ändern, ermittelt (Bild 24).

Diese analytischen Untersuchungen zeigen, daß die geforderten Biegegenauigkeiten von $\pm$ 5 μm schon dann nicht mehr erreicht werden können, wenn die Kennwerte nur um 1 % der angegebenen Werte streuen. Die Lieferanten solcher Materialien können jedoch nur eine Genauigkeit der Werkstoffkennwerte von 10 % garantieren /56/.

Weiterhin ist zu erkennen, daß abhängig vom Biegeweg die Toleranzen der Werkstoffparameter unterschiedliche Einflüsse auf das Biegeergebnis haben, so daß anhand des Soll-Ist-Wert-Vergleiches beim Biegen die vorhandenen Werkstoffparameter nicht identifiziert werden können. So ist es auch schwierig, aus dem Biegeverhalten bei bereits durchgeführten Biegungen auf das Verhalten bei veränderten Biegewegen zu schließen.

Damit sind die weggesteuerten Biegejustageverfahren nur für das Biegejustieren mit geringen Genauigkeitsanforderungen wie der Vorjustage von Ankern und Kontakten bei Klappankerrelais geeignet. Bei Einsatz der weggeregelten Biegejustageverfahren muß zumindest in iterativen taktzeitaufwendigen Justageschritten vorgegangen werden, um unter realen Bedingungen die Genauigkeitsanforderungen der Balanced-Force-Relais zu erfüllen.

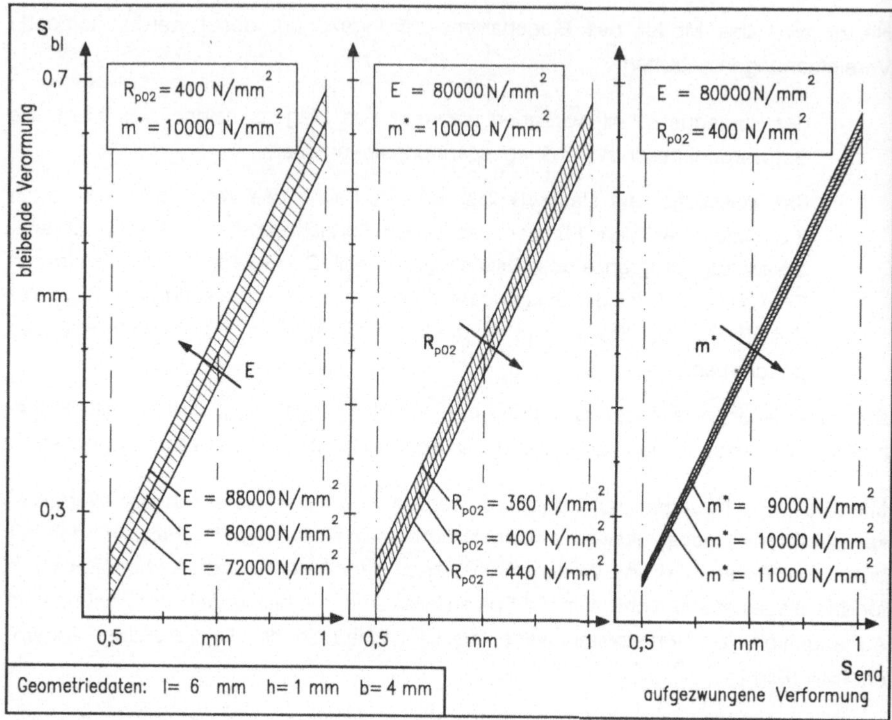

Bild 24:   Bleibende Verformung s_{bl} in Abhängigkeit der Toleranzfelder von Werkstoff-kennwerten

Zur Verifizierung der analytischen Herleitung und zur Einsetzbarkeit des fließkurvengeregelten Biegejustierens werden weitere Untersuchungen mit Hilfe der FEM-Methode durchgeführt.

4.4.1.2 Untersuchung des Biegejustageprozesses mit Hilfe der FEM-Methode

Mit Unterstützung der Software MARC MENTAT ist der Biegebalken auf der Basis des Scheibenmodells mit 320 Knoten /57/ modelliert worden. Die Biegetheorie ist nach dem "von Mises Yield Criterium" eingesetzt worden.

In einem ersten Schritt wurden die Ergebnisse der analytischen Herleitung des Einflusses der Werkstoffkennwerte überprüft. Bild 25 zeigt beispielhaft den Vergleich der analytischen und der FEM-Berechnung. Hier und in den weiteren mit Bild 24 durchgeführten Vergleichsrechnungen liegen die Ergebnissdifferenzen für die bleibende

Verformung s_{end} in einem Bereich von maximal 10 %; das Ergebnis bestätigt die Gültigkeit der angenäherten analytischen Herleitung.

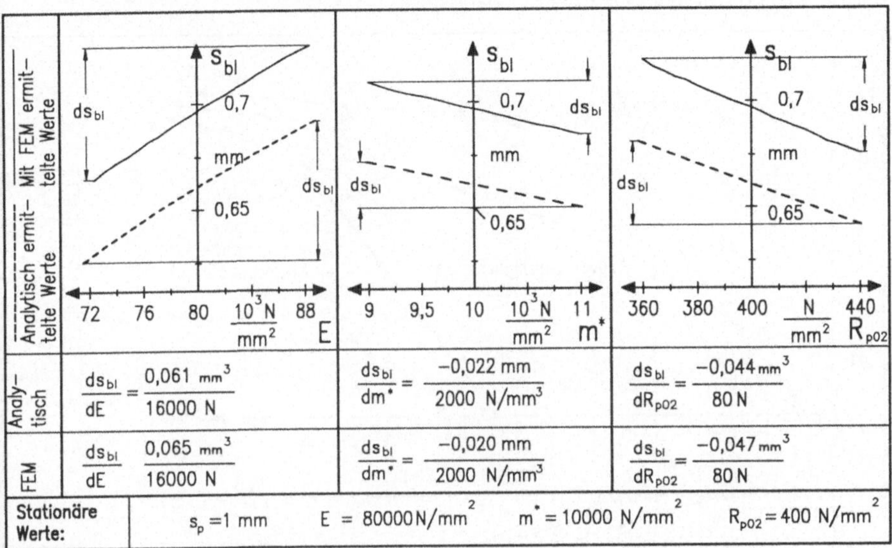

Bild 25: Theoretisch hergeleiteter und FEM-errechneter Einfluß der Werkstoffkennwerte auf die bleibende Verformung

Die bis hierhin durchgeführten Untersuchungen basieren auf der Annahme, daß das Biegebauteil im Ausgangszustand unverformt und eigenspannungsfrei vorliegt. Vorverformungen lassen in den Querschnittsbereichen, die zuvor überelastisch beansprucht wurden, nach der Entlastung Eigenspannungen zurück. Da das Überlagern von Eigenspannungen und der Dehnungsspannung bei erneuter Belastung zu einer früheren plastischen Verformung des Biegebauteils führt, ist von einem Einfluß vorhandener Eigenspannungen auf das Biegeverhalten auszugehen.

Zur Untersuchung dieses Einflusses wurde das vorhandene FEM-Modell des Biegebalkens unter folgenden drei verschiedenen Ausgangszuständen erneut belastet:

- eigenspannungsfreier Biegebalken,

- zuvor gleichgesetzt verformter Biegebalken,

- zuvor entgegengesetzt verformter Biegebalken.

Bild 26 zeigt qualitativ die verschiedenen Fließkurven, die bleibende Verformung s_{bl} in Abhängigkeit der aufgezwungenen Verformung s_{end} sowie die Spannungszustände im Querschnitt unmittelbar hinter der Einspannstelle.

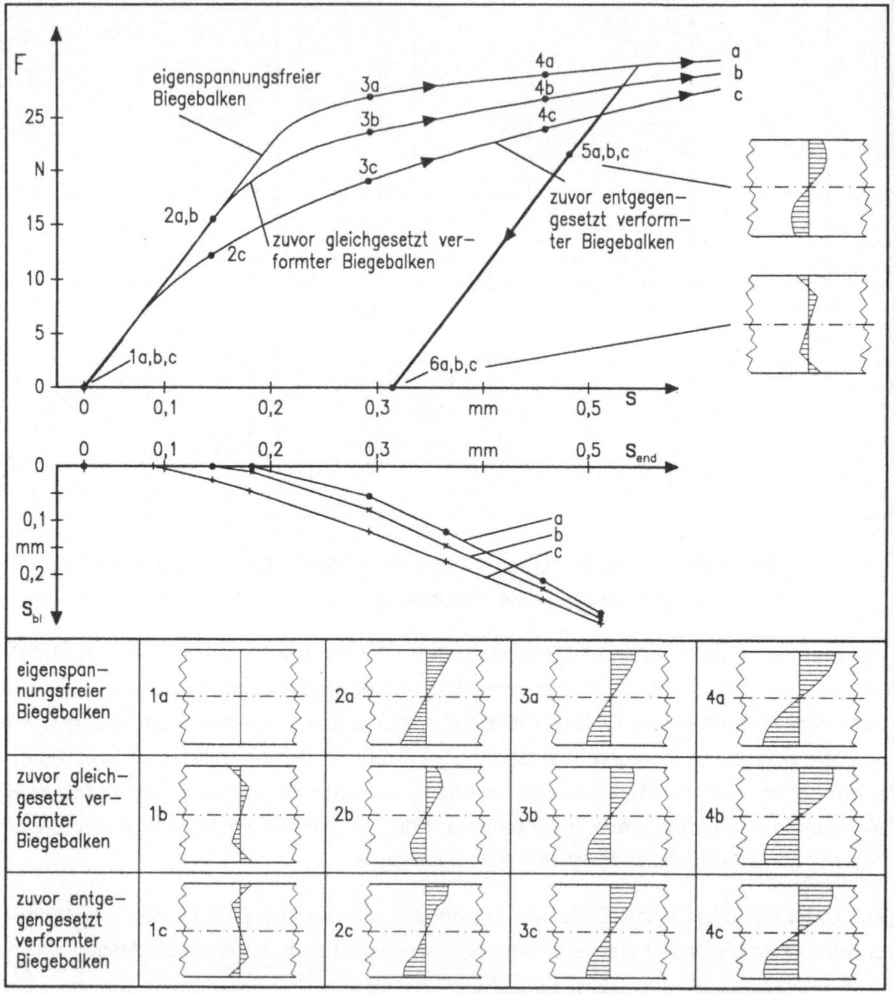

<u>Bild 26:</u>   Qualitative Unterschiede der Fließkurven, der Spannungsverläufe und der Rückfederung bei unterschiedlichen Vorverformungszuständen

Es zeigt sich, daß die Balken mit Eigenspannung früher plastisch verformt werden, wobei ein zuvor entgegengesetzt verformter diese Eigenschaft noch ausgeprägter besitzt. Bei kleinen Biegewegen s_{end} unterscheiden sich die erzielten bleibenden Verformungen erheblich voneinander, während bei größeren Verformungen der Einfluß der Eigenspannungen immer geringer wird.

Die FEM-Untersuchung am Biegebalken hat folgende Ergebnisse:

- Der analytisch hergeleitete Einfluß der Werkstoffkennwerte auf den Rückfederungsanteil wird bestätigt.

- Zusätzlich zu den Werkstoffkennwerten haben vorhandene Eigenspannungen einen entscheidenden Einfluß auf den Rückfederungsanteil beim Biegen. Die Einflüsse sind in unterschiedlicher Weise abhängig vom Verformungsgrad.

- Deshalb können aufgrund des bei einer einmaligen Verformung erzielten Biegeweges die Werkstoffkennwerte nicht identifiziert werden und auf das Biegeverhalten bei veränderten Verformungen geschlossen werden.

Bei der Anwendung des fließkurvengeregelten Biegejustierens kann aus der aufzunehmenden Fließkurve der Einfluß der Werkstoffeigenschaften und der Eigenspannungen auf die Rückfederung während des Biegeprozesses herausgelesen und berücksichtigt werden. Die FEM-Berechnungen am Biegebalken haben die Parallelität der Be- und der Entlastungsgerade bestätigt.

Um zu zeigen, daß die am Biegebalken erzielten Untersuchungsergebnisse zu den Einflüssen von Werkstoffkennwerten und Eigenspannungen auch auf die realen Kontaktgeometrien übertragbar sind und daß die Parallelität der Be- und Entlastungsgerade als Vorraussetzung für das fließkurvengeregelte Biegejustieren dort auch besteht, wurde ein repräsentativer Kontakt modelliert. Dieser Kontakt wurde als Scheibenmodell mit 931 Knoten ausgeführt. MARC MENTAT /57/ bietet mit "Assumed Strain Formulations" im Modell besonders gute Biegeeigenschaften. Bild 27 zeigt die bleibenden Spannungen des Modells nach einer plastischen Verformung um 0,5 mm und anschließender Entlastung.

Bei dem Vergleich der Auswirkungen unterschiedlicher Werkstoffkennwerte war der größte Unterschied bei den Auswirkungen der Toleranzen im Elastizitäts-Modul auf die bleibende Verformung bei einer Maximalverformung von 1,0 mm festzustellen. In diesem Fall wurde die bleibende Verformung von einer 10 %-igen Änderung des E-Moduls um 19 % weniger beeinflußt als bei einer vergleichbaren Verformung am Biegebalken. In allen anderen durchgeführten Vergleichen waren die Abweichungen geringer als 19 %. Mit Hilfe der Berechnungen an diesem Modell ist gezeigt, daß die hergeleitete theoretische Ermittlung der Werkstoffkennwerteinflüsse auf die relativen Genauigkeitsabschätzung der Biegeverfahren vom vereinfachten Biegebalken auf die komplexe Geometrie des Biegebauteils zulässig ist.

Bei der Untersuchung der Fließkurven an einem für Balanced-Force-Relais repräsentativen modellierten Kontakt wurde im Auslauf der Entlastungsfließkurve ein leichter Steifigkeitsabfall festgestellt, der das Ergebnis des fließkurvengeregelten Biegejustierens negativ beeinflussen kann. Der Grund dafür liegt in den plastischen Eigenspannungen, die am wieder entlasteten Bauteil vorliegen. Aufgrund ungünstiger Geometrien wird bestimmten Bauteilfasern eine so große Stützwirkung zur Nivellierung der inneren Momentensumme abverlangt, daß sie umgekehrt zur Beanspruchung während der Belastung wieder in den plastischen Bereich gedehnt werden. Da aber im plastischen Bereich die Steifigkeiten der Einzelfasern sinken, sinkt auch die Gesamtsteifigkeit des Biegebauteils.

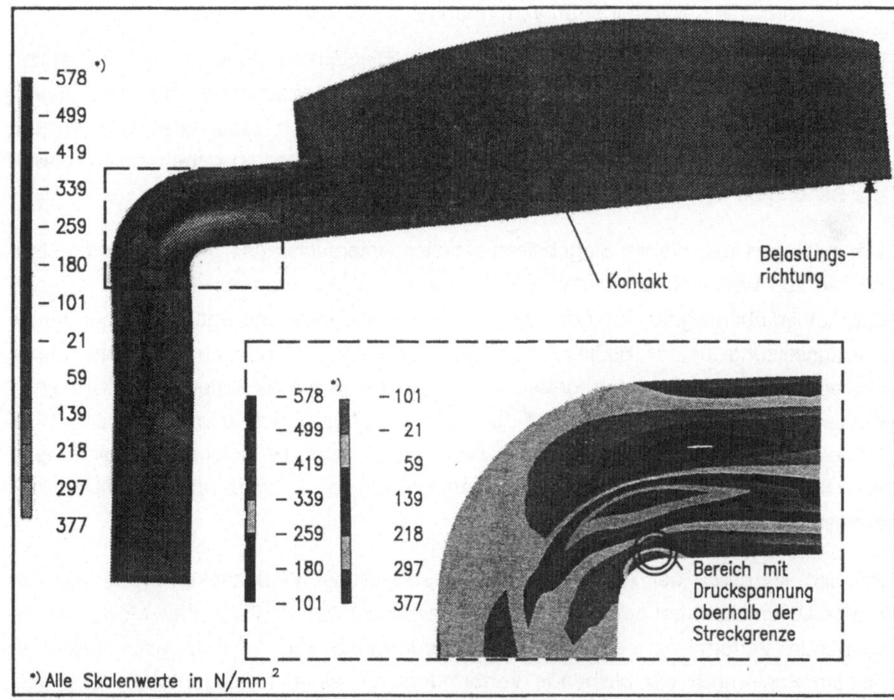

<u>Bild 27:</u> Modellierter Kontakt mit verbleibenden Eigenspannungen in horizontaler Richtung nach der Entlastung

Dieser Steifigkeitsverlust hängt neben der Geometrie von dem Verformungsgrad ab und ist am Modell gut reproduzierbar, so daß er durch einen Korrekturfaktor berücksichtigt werden kann.

4.4.1.3 Bewertung der konzipierten Verfahren zum Biegejustieren

Bei der ursprünglichen Konzeption der Verfahren zum Biegejustieren wurden im Gegensatz zu den übrigen durchgeführten Konzeptionen die Anforderungen auch anderer Relaistypen außerhalb der Klasse der Balanced-Force-Relais berücksichtigt. Somit ist zu erklären, warum auch das gesteuerte Biegejustieren mit untersucht wurde, das die Anforderungen der Justage von Balanced-Force-Relais aufgrund der hohen Genauigkeit und der möglichen Änderung von Biegezielwerten nicht erfüllt. Auch das weggeregelte Biegejustieren wird wegen der Auswirkungen von Werkstofftoleranzen und vorverformungsbedingten Eigenspannungen nur mit vielen Biegezyklen das jeweilige Biegeziel erreichen. <u>Bild 28</u> zeigt zusammenfassend die Ausprägungen der verschiedenen Verfahren. Es stellt sich heraus, daß für die Relaisjustage von Balanced-Force-Relais das fließkurvengeregelte Biegejustieren mit bidirektionaler Wirkrichtung am besten geeignet ist.

Das fließkurvengeregelte Biegejustieren ist in der Relaisjustage bisher nicht bekannt. Hier sind eine Reihe von Untersuchungen durchzuführen, die den Unterschied zwischen theoretischen Ideal- und praktischen Bedingungen darstellen, und Lösungsmöglichkeiten aufzeigen, wie die hohen geforderten Genauigkeiten auch praktisch erzielt werden können.

Ausprägungen	gesteuertes Biegejustieren		weggeregeltes Biegejustieren		fließkurvengeregeltes Biegejustieren	
	anschlag-gesteuert	istmaß-gesteuert	einfache Wirkrichtung	doppelte Wirkrichtung	einfache Wirkrichtung	doppelte Wirkrichtung
Software-funktionen	keine	Meßsignalauswer-tung und Stell-wegberechnung	Meßsignalauswer-tung und Stell-wegberechnung	Meßsignalauswer-tung und Stell-wegberechnung	Kraft-Weg-Auswer-tung, on-line-Stellwegberechung	Kraft-Weg-Auswer-tung, on-line-Stellwegberechung
Hardware-komponenten	einachsiger Antrieb mit Festanschlag	Positionssensor, programmierbarer Antrieb für eine Biegerichtung	Positionssensor, programmierbarer Antrieb für eine Biegerichtung	Positionssensor, programmierbarer Antrieb für zwei Biegerichtungen	Kraft-Weg-Sensor, programmierbarer Antrieb für eine Biegerichtung	Kraft-Weg-Sensor, programmierbarer Antrieb für zwei Biegerichtungen
biegebedingter Ausschuß	sehr hoch, wird nicht erkannt	hoch, wird nicht erkannt	gering bei kleinen Iterationsschritten	kein Ausschuß	geringer Ausschuß	kein Ausschuß
Taktzeit	kurz, (< 1s), nur ein Biegevorgang	kurz, (< 2s), nur ein Meß-Biege-Vorgang	> 1,5s je Iterationsschritt	> 1,5s je Iterationsschritt	< 2s	< 2s
erzielbare Genauigkeit	sehr gering, nur Möglichkeit der Streuungseingrenzung	gering, keine Ergebniskontrolle	mittel bei iterativer Endmaßregelung	mittel bei iterativer Endmaßregelung	hoch durch Fließkurvenregelung	hoch durch Fließkurvenregelung
ausreichend für folgende Einsatzfelder	Ankervorjustage an Klappankerrelais	Ankervorjustage und Kontaktvorjustage an Klappankerrelais	Ankerjustage und Kontaktjustage an Schwenk- und Klappankerrelais	Ankerjustage und Kontaktjustage an Schwenk- und Klappankerrelais	Ankerjustage und Kontaktjustage an Schwenk- und Klappankerrelais	Ankerjustage, Kon-taktjustage, Rück-holfederjustage an Schwenkanker-, Klappanker- und Balanced-Force-Relais

Bild 28: Ausprägungen der Verfahren zum Biegejustieren

5 Entwicklungen zum Verfahren des fließkurvengeregelten Biegejustierens

5.1 Genauigkeitsbeeinträchtigende Faktoren für das fließkurvengeregelte Biegejustieren und Möglichkeiten zu deren Berücksichtigung

Im Idealfall sollte das fließkurvengeregelte Biegejustieren jedesmal mit einem Biegevorgang die gewünschte Endposition erreichen können, auch wenn die Werkstoff- und Geometrieparameter sowie die Eigenspannungen in der Ausgangsposition von Bauteil zu Bauteil schwanken. Für hohe Biegegenauigkeiten sind jedoch bestimmte Faktoren im voraus zu berücksichtigen, die sich gemäß <u>Bild 29</u> einteilen lassen.

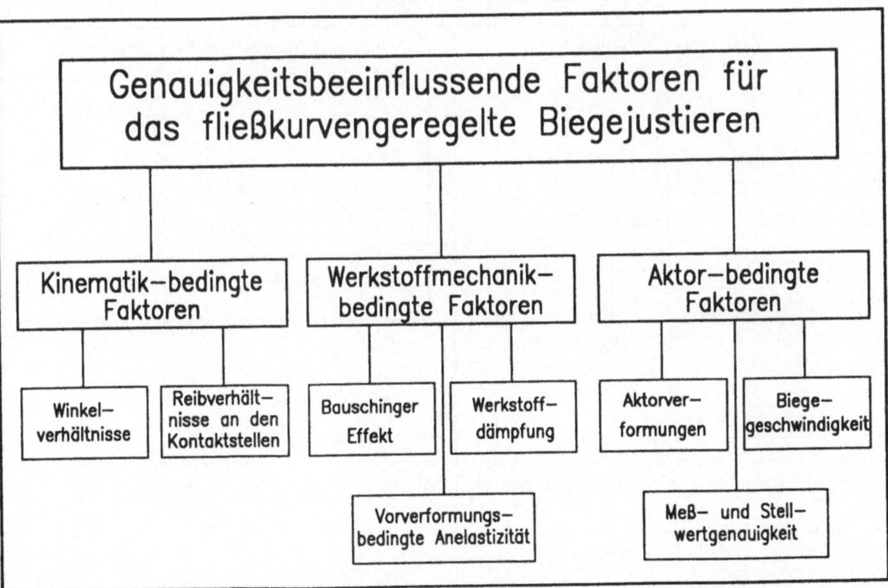

<u>Bild 29:</u>   Klassifizierung der Einflußfaktoren zum fließkurvengeregelten Biegejustieren

Die Auswirkungen der einzelnen Faktoren und die Möglichkeiten zur Fehlerberücksichtigung sollen im folgenden bestimmt werden. Dabei werden die Faktoren nach Möglichkeit entkoppelt betrachtet, d.h. daß bei der Betrachtung eines Fehlers davon ausgegangen wird, daß die anderen Fehlerfaktoren im Moment der Betrachtung nicht auftreten.

5.1.1 Kinematikbedingte Faktoren

5.1.1.1 Winkeländerungen

Eine Voraussetzung für das fließkurvengeregelte Biegejustieren ist, daß nur die Kraft in Biegerichtung vom Kraftsensor aufgenommen wird. Ausgehend davon, daß das Biegebauteil ein zum Biegewinkel proportionales Rückfederungsmoment M_{el} hat, muß die auf den Kraftsensor wirkende Kraft F_{ty} mit dem Faktor k_w korrigiert werden, damit sie die Ersatzkraft $F_m = M_{el}/l$ ergibt und für das fließkurvengeregelte Biegejustieren maßgeblich ist. In <u>Bild 30</u> ist hergeleitet, wie der Korrekturfaktor k_w von der relativen Lage des Biegebauteils von der Horizontalen ($\alpha = 0$) abhängt.

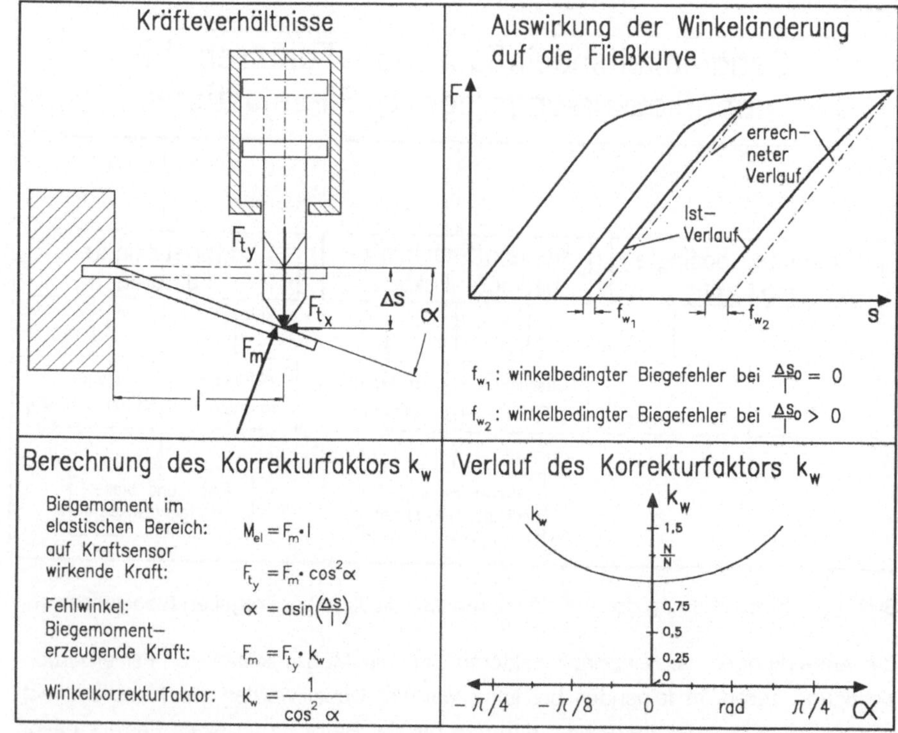

<u>Bild 30:</u>   Korrektur der winkelbedingten Fließkurvenverfälschung

Je weiter das Biegebauteil hiervon abweicht, desto größer sind die winkelbedingten Abweichungen der Biegefließkurve und desto wichtiger ist der Winkelkorrekturfaktor k_w. Für die rechnerische Berücksichtigung von k_w ist es notwendig, den Relativwinkel (α = atan Δs/l) des Biegebauteils senkrecht zur Biegerichtung für jeden Augenblick der Belastung zu kennen, um damit die Kraft in der Biegefließkurve zu korrigieren.

5.1.1.2 Reibung an den Kontaktstellen

Die Reibkraftkomponenten, die in Biegerichtung wirken, tragen ebenfalls zu einer Verfälschung der Biegemoment erzeugenden Kraft F_m auf die am Kraftsensor anliegenden Kraft F_t bei. Hier können zwei Reibzustände bestehen, die Haftreibung und die Gleitreibung am Kraftangriffspunkt (Bild 31).

Im Zustand 1, Haftreibung am Kraftangriffspunkt, ist $F_r \leq \mu_r \cdot F_m$. Dieser Fall tritt nur dann auf, wenn eine relativ hohe, das Biegemoment erzeugende Kraft bei nur kleinen Abweichungen des Biegebauteils von der Horizontalen vorliegt, da aber für diesen Winkelbereich die Reibkraft überwiegend senkrecht zur Biegekraft wirkt, kann dieser Fall vernachlässigt werden.

Erfüllt jedoch die Haftreibung bei zunehmender Biegekraft und Winkeländerung die

Grenzbedingung $\mu_r \geq (\dfrac{c_a \cdot l}{F_m} + 1) \cdot \tan \alpha$ nicht mehr, gehen die Reibverhältnisse in

die Gleitreibung über und der Biegeaktor wird aufgrund seiner Nachgiebigkeit senkrecht zur Biegerichtung vom Kraftangriffspunkt weggedrückt, wobei sich das Vorzeichen der seitlichen Federkraft des Biegeaktors F_c und der Reibkraft F_r ändern. Dieser Zustand bleibt dann bis zur vollkommenen Entlastung bestehen. Die notwendige Korrektur ist von folgenden Verhältnissen abhängig:

- von dem Vorzeichen der Biegerichtung dα/dt,

- von dem Gleitreibungskoeffizient μ_g und

- von der Winkelabweichung α.

Mit Hilfe dieser Informationen kann die am Kraftsensor anliegende Kraft F_t mit dem Korrekturfaktor k_r zur tatsächlichen Biegekraft F_m umgerechnet werden. Hierbei wird die Nachgiebigkeit des Biegeaktors senkrecht zur Biegerichtung vernachlässigt. Eine andere Möglichkeit als über den Einsatz des Korrekturfaktors k_r, die reibungsbedingten Biegefehler weitgehend auszuschalten, ist, durch geeignete Oberflächenbeschaffenheit am Auflagepunkt des Biegeaktors die Reibung auf einen unkritischen Wert zu reduzieren.

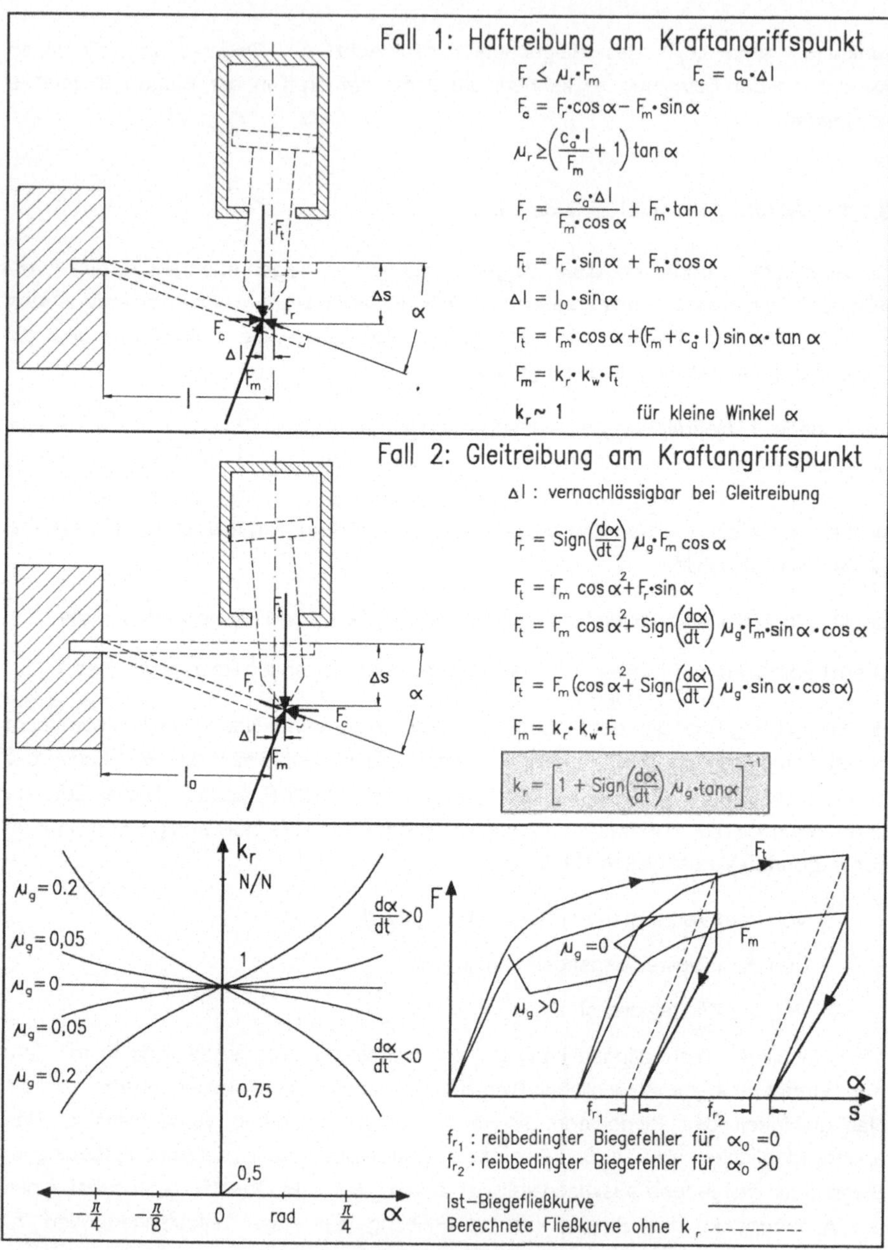

<u>Bild 31:</u> Korrektur der reibungsbedingten Fließkurvenverfälschung

5.1.2 Werkstoffmechanikbedingte Faktoren

Das beschriebene Hook'sche Verhalten von Werkstoffen stellt den Idealfall dar. Verschiedene Untersuchungen zeigen Symptome von Werkstoffverhalten auf, die unter gewissen Voraussetzungen die Biegegenauigkeit des fließkurvengeregelten Biegejustierens ebenfalls verringern können. Die Auswirkungen der wesentlichen Symptome auf die Genauigkeit des fließkurvengeregelten Biegejustierens sollen im folgenden untersucht werden. Anschließend soll mit diesen Erkenntnissen aufgezeigt werden, wie eine Berücksichtigung dieser Symptome die Genauigkeit erhöhen kann.

5.1.2.1 Bauschinger-Effekt

"Der Bauschinger-Effekt führt zu einer beachtlichen Erniedrigung beispielsweise der Druckfließgrenze, wenn der Druckbeanspruchung eine plastische Zugbeanspruchung vorausgegangen ist." /58/. Er wird dadurch erklärt, daß der bei der Erstbeanspruchung entstandene Versetzungsaufstau der Atomgitter ein Spannungsfeld hinterläßt, das die Versetzungswanderung bei Beanspruchungsumkehr erleichtert /59/. Der Bauschinger-Effekt ist in <u>Bild 32</u>, Bereich I, skizziert. Er hat auf das fließkurvengeregelte Biegejustieren folgende wesentliche Auswirkungen:

- Die Fließkurve hat nach Umkehr der Biegerichtung einen wesentlich verkürzten rein elastischen Belastungsbereich.

- Die Fließkurve hat nach Umkehr der Biegerichtung im letzten Stück des Entlastungsbereiches eine verstärkte Tendenz zur Steifigkeitsverringerung, wie sie bei der FEM-Untersuchung aufgetreten ist.

Während die Auswirkung des verkürzten Elastizitätsbereiches durch entsprechend genaue Meßwerte und Rechenalgorithmen zur Bildung der Ausgleichsgeraden /30/ berücksichtigt werden kann, führt die Linearitätsabweichung der Fließkurve bei Entlastung zu einer Verringerung der errechneten bleibenden Verformung. Weiterhin würde es bei einer darauf folgenden Belastungsumkehr schon bei geringsten Kräften zu einem Einsetzen der plastischen Verformung kommen.

Für das Abknicken der Entlastungskurve ist der Bauschinger-Effekt indirekt verantwortlich. Der Grund liegt in der Richtungsumkehr der Spannungen in den Randbereichen des Bauteils, die bei hohen Umformgraden und bestimmten Geometrien bis in den plastischen Spannungsbereich hineinreichen, wie <u>Bild 33</u>, Bereich III, zeigt.

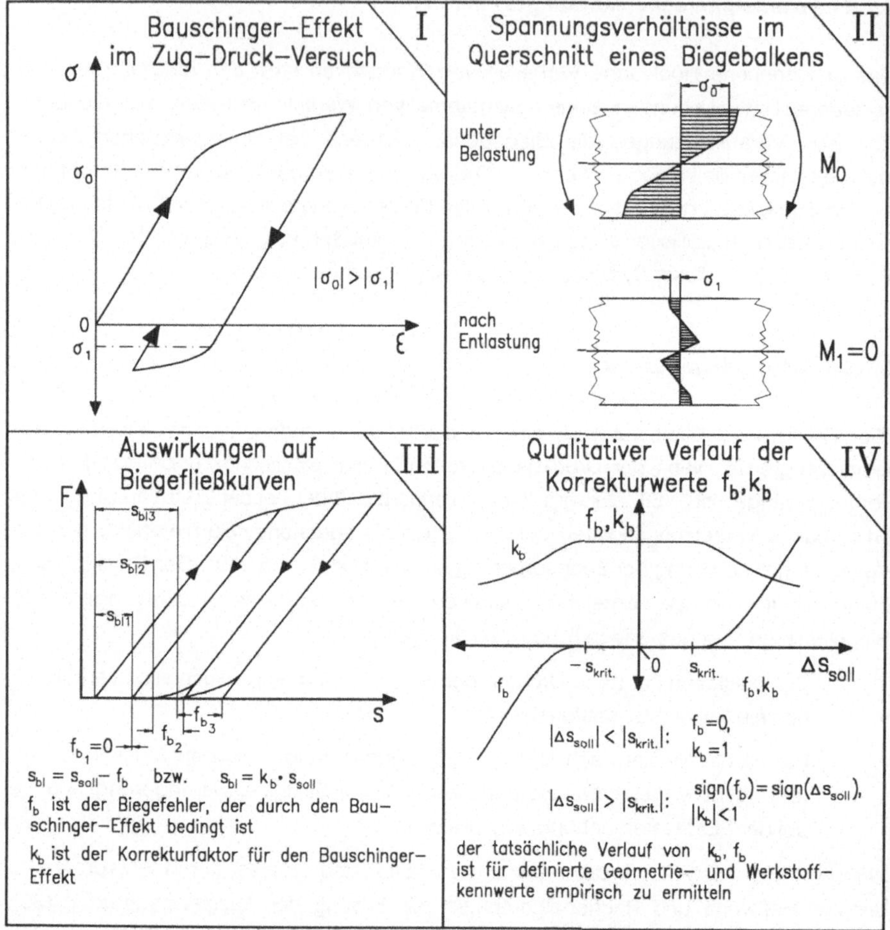

Bild 32:   Auswirkung des Bauschinger-Effektes auf die Biegefließkurve

Unter den idealen Voraussetzungen:

- es herrscht durchgängig ein einachsiger Spannungszustand,

- auf der Schwerpunktslinie des Biegebauteils liegt auch die spannungsfreie Faser und

- es liegt ideal-plastisches Werkstoffverhalten vor.

läßt sich gemäß der Herleitung in <u>Bild 33</u> theoretisch berechnen, wie hoch der Verformungsgrad sein muß, damit das Abknicken der Entlastungskurve (2. Auswirkung) auftritt.

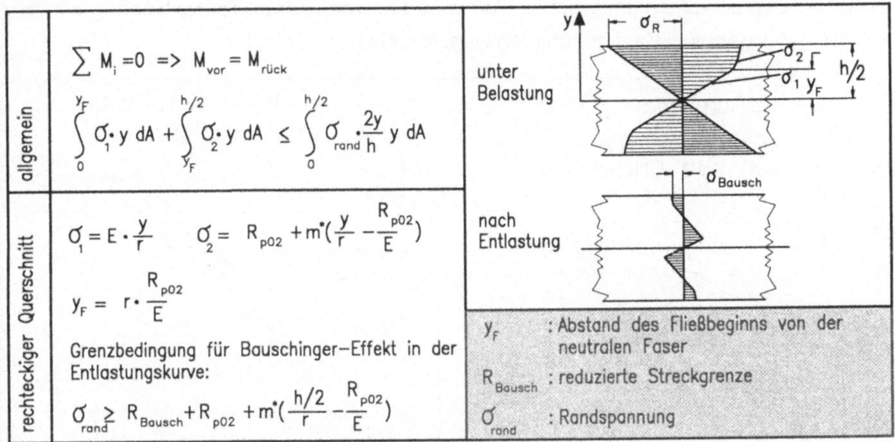

<u>Bild 33:</u>   Analytische Ermittlung des Auftretens von plastischen Spannungen im Randbereich entlasteter Biegebauteile

Dieser Effekt wird durch die erniedrigte Streckgrenze des Bauschinger-Effektes verstärkt und tritt umso mehr auf, je weniger Flächenanteile die Querschnittsbereiche mit den maximalen Dehnungen haben, also die Bereiche, die am weitesten von der neutralen Faser entfernt sind. Somit sind z. B. Kreisquerschnitte mehr gefährdet als Rechteckquerschnitte. Gleichzeitig tritt dieser Effekt nur bei relativ starken Dehnungen im Randbereich auf. Ab welchen Dehnungen und mit welchem Ausmaß dieser Effekt auftritt, ist in der Praxis jeweils in Versuchsreihen zu bestimmen, damit er beim fließkurvengeregelten Biegejustieren mitberücksichtigt werden kann.

5.1.2.2 Dämpfung durch innere Reibung

Nicht nur die Reibung an den Kontaktstellen, sondern auch die Reibung zwischen den Atomen bei elastischer Verformung /58/ des Biegebauteils führen zu Kräften, die sich nicht direkt auf die Verformung des Biegebauteils auswirken. Auch diese Kräfte müssen aus dem Signal des Kraftsensors herausgefiltert werden, damit die Fließkurve dämpfungsbereinigt verarbeitet werden kann. Diese Werkstoffdämpfung ist von der Verformungsgeschwindigkeit abhängig und ist in Vorversuchen empirisch zu ermitteln. Es ist günstig, bei hohen Verformungsgeschwindigkeiten einen geschwindigkeits-geregelten Biegeantrieb zu verwenden, da dann der Korrekturfaktor für die Werkstoffdämpfung k_d einfach softwaretechnisch berücksichtigbar ist. Das <u>Bild 34</u> zeigt eine Möglichkeit, die dämpfungsbedingte Fließkurvenverfälschung zu korrigieren. Eine Alternative zur softwaretechnischen Berücksichtigung der inneren Reibung ist, die Geschwindigkeit auf ein unkritisches Maß zu reduzieren, wobei Taktzeitverlängerungen des Biegevorgangs in Kauf genommen werden müssen.

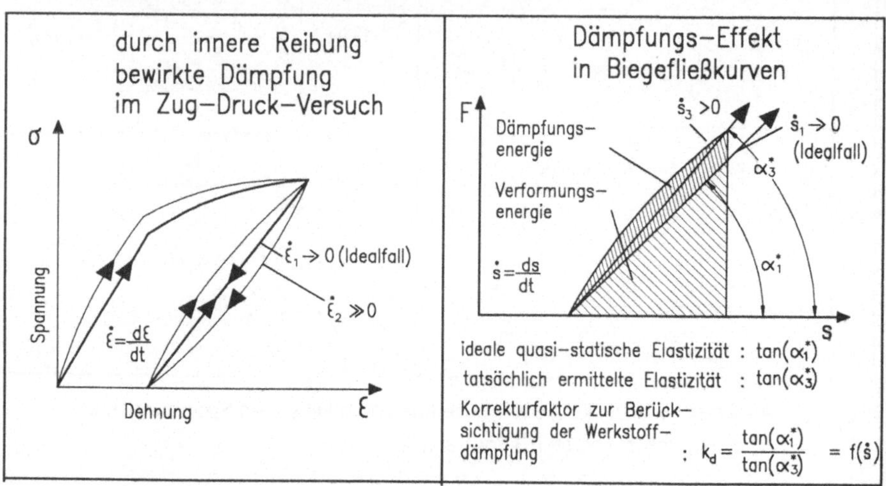

<u>Bild 34:</u>   Korrektur der dämpfungsbedingten Fließkurvenverfälschung

5.1.2.3 Vorverformungsbewirkte Anelastizität

Die Erstbeanspruchung von Metallen bewirkt eine Versetzungswanderung in der Kristallstruktur, die durch Aufstau von Versetzungen rücktreibende Spannungen erzeugt /58/. Diese Eigenschaft wird vorverformungsbedingte Anelastizität genannt und bewirkt im Spannungsdehnungsdiagramm des Zugversuchs folgendes:

- Die Steifigkeit der Erstbelastung bis in den elastisch-plastischen Bereich hinein ist höher als die Entlastung und nachfolgend wiederholte Belastungen.

- Nach der Erstbelastung erscheint eine Hysterese zwischen Entlastungs- und Belastungskurve.

Beide Symptome aus dem Spannungs-Dehnungs-Diagramm wirken sich analog auf die Biegefließkurve aus. Die sich verändernde Steifigkeit führt zu einer Verringerung der errechneten bleibenden Verformung. Die Hysterese, die ab der zweiten Belastung eintreten wird, kann dazu führen, daß die Steifigkeit bei der Belastung zu hoch berechnet wird und die bleibende Verformung auch noch bei größeren geforderten

Biegewegen im Extremfall gleich Null bleibt. Beide Symptome sind durch Versuche zu bestimmen und können mit dem Korrekturfaktor k_{an} (Bild 35) berücksichtigt werden. Es wird erwartet, daß sich bei einer Umkehr der Biegerichtung das Biegebauteil ähnlich wie bei der Erstbelastung verhält.

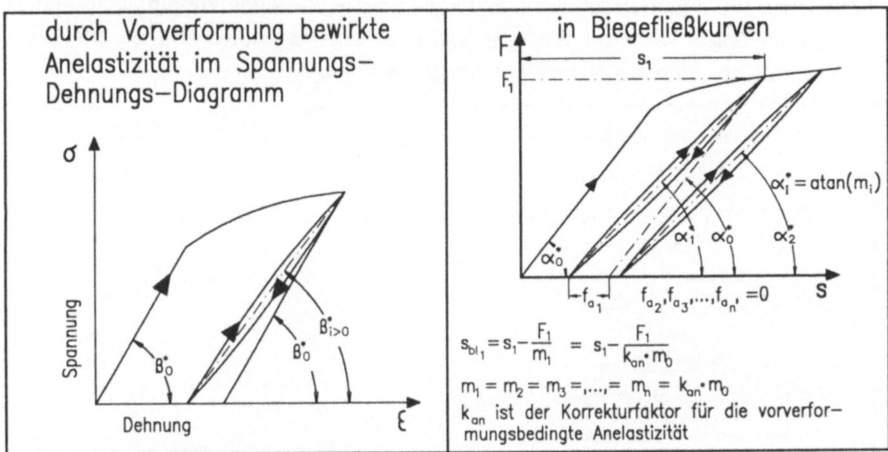

Bild 35:   Korrektur der Fließkurvenverfälschung durch vorverformungsbewirkte Anelastizität

5.1.3   Aktorbedingte Faktoren

5.1.3.1 Statische Nachgiebigkeiten und Spiele des Aktors

Elastizitäten und Spiele des Aktors verfälschen die Positionsinformation, die der Wegsensor über die Kontaktstelle am Biegebauteil erhält. Hierbei sind nur die Komponenten relevant, die sich zwischen dem Wegsensor und der Kontaktstelle befinden. Deshalb soll bei der Konstruktion des Biegeaktors auf eine kurze Übertragungsstrecke zwischen Kontaktstelle und Wegmeßsystem geachtet werden. Das Bild 36 zeigt die Auswirkungen von Nachgiebigkeiten und Spielen des Aktors. Elastizitäten oder Nachgiebigkeiten verringern die steigende Kraftwegkurve sowohl während der Be- als auch der Entlastung um dasselbe Maß. Unter der Voraussetzung, daß diese zusätzlichen Elastizitäten linear zur Kraft sind, erzeugen sie keine Genauigkeitsbeeinträchtigungen beim fließkurvengeregelten Biegejustieren und können somit unberücksichtigt bleiben. Anders verhält es sich mit Spielen, auch Losen genannt, in der Übertragungsstrecke zwischen Wegmeßsystem und Kontaktstelle am Biegebauteil. Das Spiel macht sich nur nach der Wegumkehr bemerkbar. Dadurch, daß der eigentliche Regelprozeß des fließkurvengeregelten Biegejustierens mit Beginn der Wegumkehr von Be- auf Entlastung abgeschlossen ist, wird die Biegegenauigkeit auch durch Spiele nicht eingeschränkt. Das Ergebnis des fließkurvengeregelten Biegejustierens wird durch den Kraft-Null-Durchgang bei der Entlastung ermittelt; somit wird das Maß für die Endposition des Biegebauteils und damit auch das Maß für die erzielte bleibende Verformung durch die Summe der Spiele verfälscht. Sind die Spiele der Übertragungsstrecke bekannt, kann das Endmaß des Biegebauteils mit f_{sp} korrigiert werden.

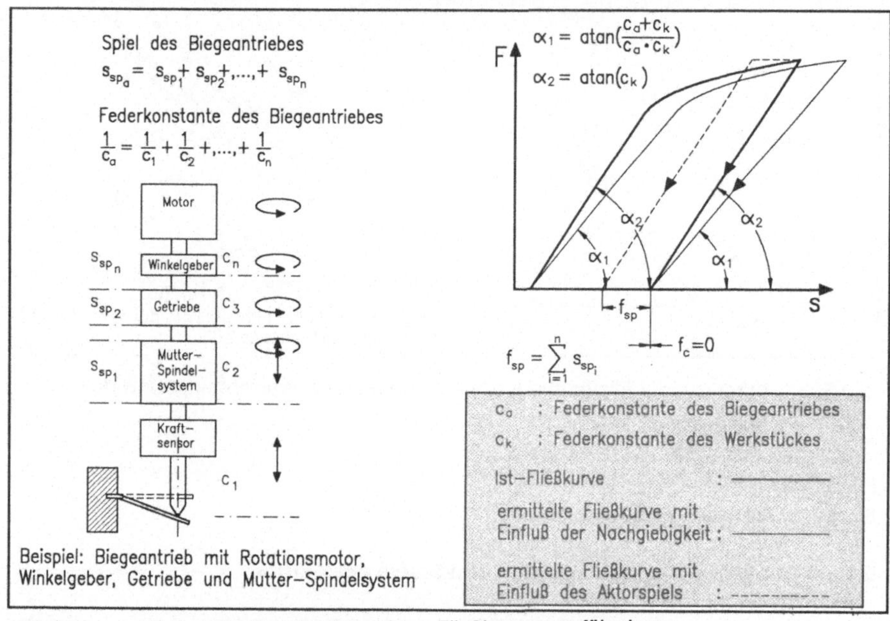

Bild 36: Korrektur der aktorbewirkten Fließkurvenverfälschung

5.1.3.2 Dynamische Eigenschaften des Aktors

Der Belastungsweg des Aktors beim fließkurvengeregelten Biegen läßt sich in zwei Phasen einteilen:

1. Beschleunigen des Aktors auf eine konstante Biegegeschwindigkeit und Positionierung an das Biegebauteil (keine Berührung mit dem Biegebauteil).

2. Verformen des Biegebauteils.

Aufgrund der bei Balanced-Force-Relais bestehenden geringen Zugänglichkeit und der sich daraus ergebenden ungünstigen Schwingungskennwerte kann das Schwingungsverhalten die Genauigkeit des Biegeverfahrens beeinflussen.

Die Möglichkeit, daß die Geradenschätzung die linearen Schwingungen ausmitteln kann, ist deshalb fraglich, da die sich ergebenden Eigenfrequenzen des Biegeaktors schnell die Abtastrate der am Markt üblichen Analog-Digital-Wandler von 2000 Hz erreichen können.

In der Phase 1 treten Schwingungen beim Beschleunigen des Aktors auf, die nach dem Erreichen der Verformungsgeschwindigkeit wieder abklingen. In Anlehnung an /60/ und /61/ läßt sich das Verhalten dieser Schwingungen gemäß <u>Bild 37</u> berechnen, wenn man idealisiert für den Beschleunigungsvorgang annimmt, daß auf den Biegeaktor eine konstante Kraft F_a über einen definierten Zeitraum t_s wirkt. Sind die Schwingungsparameter des Biegeaktors, die durch die Federkonstante c_a, die Masse m_a und den Dämpfungsfaktor d_a gekennzeichnet sind, bekannt, läßt sich errechnen, welche Kombinationen von Beschleunigung, Geschwindigkeit und Beruhigungszeit t_1 gewählt werden muß, damit die Schwingung auf den Kraftsensor unterhalb einer kritischen Amplitude ϵ_1 gesunken ist, bevor die Biegeklinge auf das Biegebauteil trifft.

Hier beginnt die Phase 2, deren Beginn der entscheidende Bereich für die Genauigkeit des fließkurvengeregelten Biegejustierens ist, da oft nur ein kleiner rein elastischer Verformungsbereich zur Verfügung steht, aus dem die Elastizität der Belastung ermittelt werden kann. Auch für diese Phase ist in <u>Bild 37</u> hergeleitet, wie die Biegegeschwindigkeit zu wählen ist, damit nach der Beruhigungszeit t_2 die Kraftschwingung auf eine unkritische Amplitude ϵ_2 gesunken ist, so daß mit der korrekten Ermittlung der Elastizität begonnen werden kann. Hierbei wird davon ausgegangen, daß die Masse m_k und der Dämpfungsfaktor d_k des Biegebauteils vernachlässigbar ist. Da zusätzlich mit einer bekannten Steifigkeit des Biegebauteils c_k gerechnet wird, sind hier nur Überschlagsrechnungen möglich, die empirisch abzusichern sind.

Eine weitere Möglichkeit, die Schwingungen in der Phase 2 nahezu aufzuheben, ist es, die Position des Biegebauteiles genau anzutasten, beim nachfolgenden Biegevorgang die Biegegeschwindigkeit vor der Berührposition zu drosseln und nach der Berührung mit dem Biegebauteil wieder zu beschleunigen. Dieses Verfahren beinhaltet aber einen erhöhten Steuerungsaufwand und verlängert die Biegetaktzeit, da das Biegebauteil zusätzlich angetastet werden muß und die durchschnittliche Biegegeschwindigkeit durch den Bremsvorgang verringert wird.

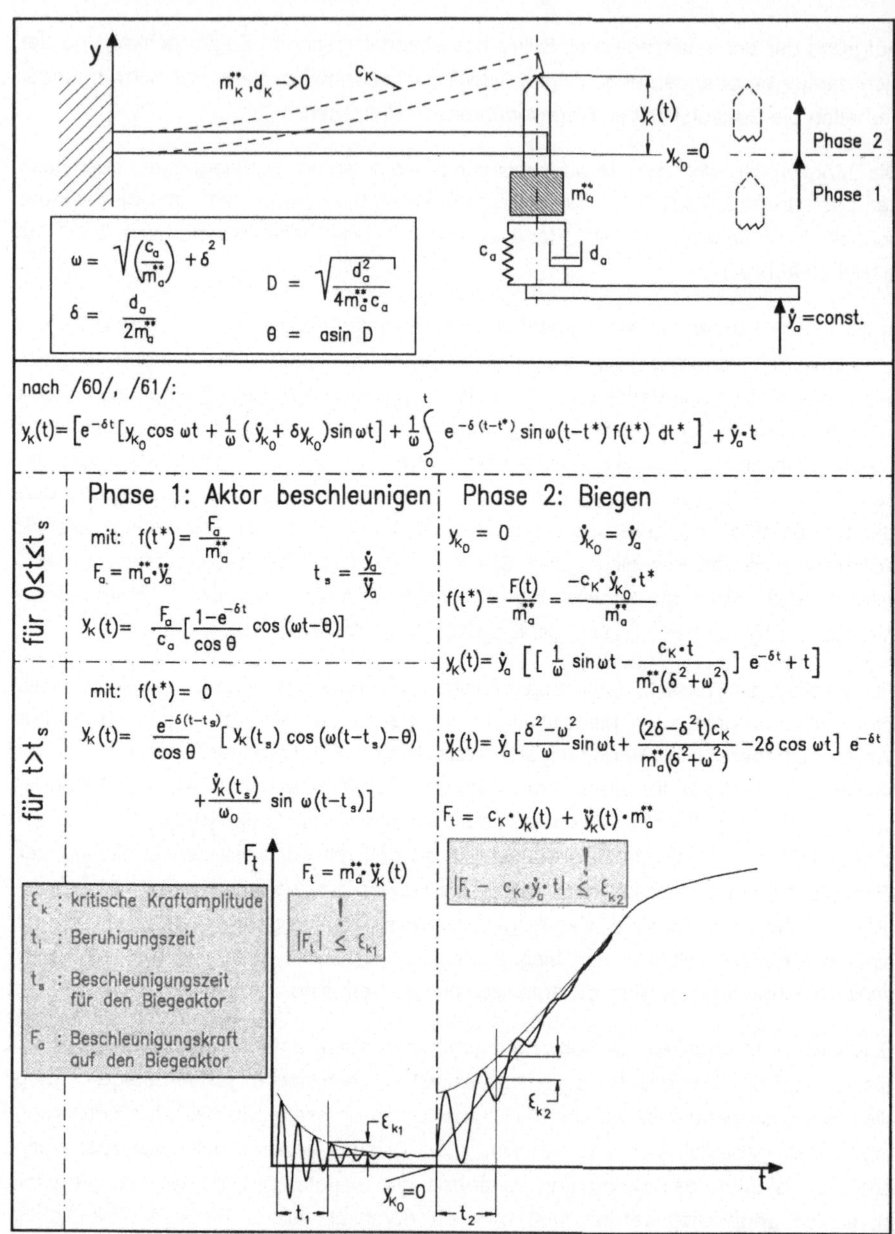

Bild 37: Schwingungen beim Biegevorgang

5.1.3.3 Meßgenauigkeit der Sensoren

Die Genauigkeit des fließkurvengeregelten Biegejustierens kann maximal so genau sein, wie die Meßgenauigkeit des Wegsensors. Dadurch daß sich die angegebene Genauigkeit des Wegsensors in beide Richtungen auswirken kann, ist damit zu rechnen, daß die angenommene Genauigkeit des Wegsensors sich auf die Genauigkeit des fließkurvengeregelten Biegejustierens bis zu dem Faktor 2 negativ auswirkt.

Wichtig für das fließkurvengeregelte Biegejustieren ist weiterhin eine Linearität der Kraftsignale, da sonst Fehler bei der Mittelung des Plastizitätsbeginnes auftreten. Ist jedoch die Größenordnung einer vorhandenen Nichtlinearität bekannt, kann diese softwaretechnisch über den Korrekturfaktor k_k korrigiert werden.

Piezokeramische Kraftsensoren, die für diese Anwendungen am besten geeignet sind, sind dynamische Sensoren; ihr Meßsignal schwächt sich unter einer statischen Belastung mit zunehmender Zeit ab. Deshalb müssen bei solchen Sensoren auch die statischen Einflüsse (gleichgerichtete Kräfte über einen längeren Zeitraum) in dem Korrekturfaktor k_k berücksichtigt werden.

5.1.3.4 Geschwindigkeit des Regelprozesses

Die Berechnung des Abschaltpunktes der Belastung erfolgt diskret bei kontinuierlich durchgeführter Biegebewegung. Die Genauigkeit hängt von der Abtastrate und der Biegegeschwindigkeit ab:

Abtastbedingter Fehler $\leq$ Abtastrate $\cdot$ Biegegeschwindigkeit.

Zur Begrenzung dieses Fehlers auf ein unkritisches Maß ist ein Rechner mit ausreichend großer Rechengeschwindigkeit oder eine angepaßte Biegegeschwindigkeit zu wählen.

5.1.4 Gesamtheitliche Fehlerquellenberücksichtigung

Im vorangegangenen wurden Folgen der auffälligsten Fehlerquellen untersucht; auf dieser Basis wurden Korrekturfaktoren ermittelt. Diese Korrekturfaktoren können teilweise mit Hilfe technischer Daten analytisch oder müssen in Vorversuchen empirisch ermittelt werden. Zur Reduzierung der Folgen sind die Korrekturfaktoren bei der Anwendung des fließkurvengeregelten Biegejustierens zur Geradenschätzung und zur on-line Berechnung der aktuellen bleibenden Verformung entsprechend <u>Bild 38</u> zu berücksichtigen.

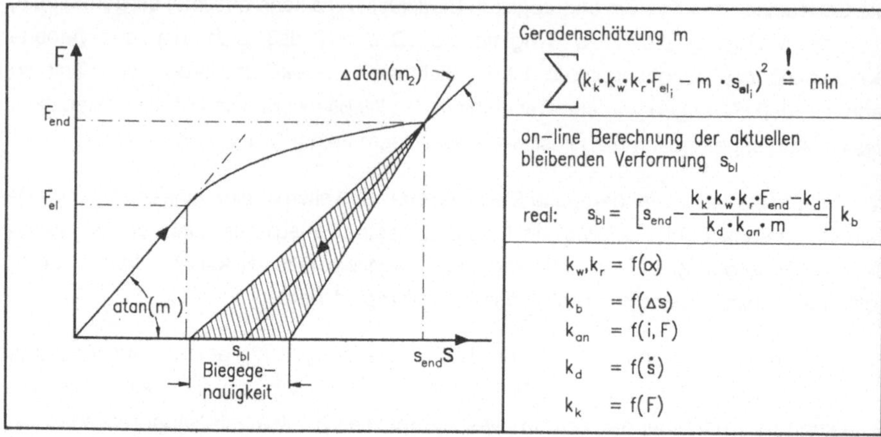

$$\sum \left(k_k \cdot k_w \cdot k_r \cdot F_{el_i} - m \cdot s_{el_i}\right)^2 \overset{!}{=} min$$

$$real: \quad s_{bl} = \left[s_{end} - \frac{k_k \cdot k_w \cdot k_r \cdot F_{end} - k_d}{k_d \cdot k_{an} \cdot m}\right] k_b$$

<u>Bild 38:</u>   Zusammenfassende Fehlerquellenberücksichtigung durch Korrekturfaktoren

5.1.5   Steigerung der Biegegenauigkeit durch dedizierte Entlastungssteifigkeit

Alternativ zu spezifischen Fehlerquellenberücksichtigungen ist es auch möglich, das erwartete Entlastungsverhalten eines Biegebauteils aus vorhergegangenen Verformungen zu bestimmen.

Das Entlastungsverhalten kann auf drei Arten vorherbestimmt werden (<u>Bild 39</u>):

1. durch das Messen der Entlastungssteifigkeit bei einem vorhergegangenen Biegevorgang an demselben Bauteil,

2. durch einen Vorhub, einem Biegvorgang bei dem das Biegeziel mit Sicherheit noch nicht erreicht wird, und

3. durch einen vorangegangenen "Nullhub", einer rein elastischen Verformung.

Durch den Einsatz des 3. Verfahrens wird erwartet, daß speziell die Fehler, die durch eine Hysterese verursacht werden, kompensiert werden.

Das Messen der vorhergegangenen Entlastungssteifigkeit ist nur dann durchführbar, wenn das Biegeziel in einem ersten Biegevorgang nicht erreicht wurde oder wenn das Biegeziel innerhalb der Gesamtjustage neu definiert werden mußte. Die Verfahren mit Nullhub oder Vorhub setzen einen kompletten weiteren Biegevorgang voraus, der die

Biegetaktzeit nahezu verdoppelt. Weiterhin besteht im Fall des Vorhubes die Gefahr, daß sich die Hysterese verstärkt .

Da hier innerhalb eines Biegevorganges nur noch die Kraft-Weg-Punkte und nicht mehr die aktuelle Belastungssteigung ausgewertet werden, kann bei der Anwendung der dedizierten Entlastungssteifigkeit auch von einem fließkurven**gesteuerten** Biegejustieren gesprochen werden.

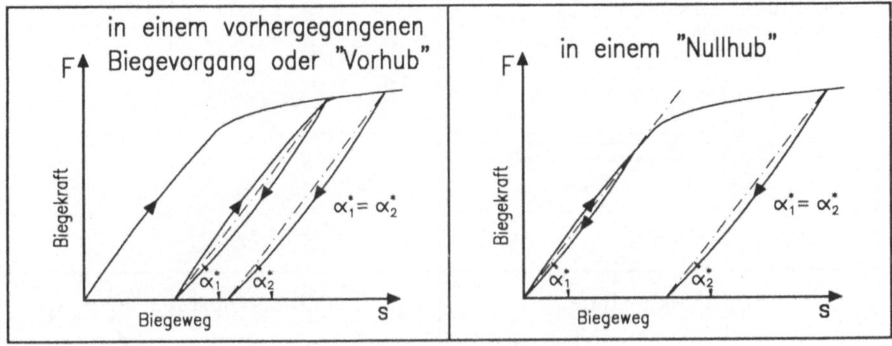

<u>Bild 39:</u>   Möglichkeiten zur Vorausbestimmung von Entlastungssteifigkeiten

5.2   Positionsübergreifende Direktjustage

In der Relaisjustage ist die Positionseinstellung des Biegebauteils in der Regel das Mittel, um einen anderen Justagewert wie z. B. Kraft- und Relativlagen einzustellen. Die Ursprungsgrößen dieser Justagewerte und auch noch die Endgrößen sind dabei in zusätzlichen Meßvorgängen zu bestimmen bzw. zu überprüfen, was oft nur mit technisch großem Aufwand möglich ist oder zusätzliche Taktzeit kostet. Eine Bestimmung und Überprüfung dieser speziellen Justagegrößen, integriert in das fließkurvengeregelte Biegejustieren, wird also beachtliche Vorteile bringen. Die positionsübergreifende Biegejustage basiert darauf, daß im Verlauf des Biegeprozesses ein Kontakt des Biegebauteils mit einem weiteren federnden Bauteil stattfindet, das maßgeblich für das Ziel des Biegeprozesses ist; diese Voraussetzung besteht speziell bei der Relaisjustage in mehreren Fällen. Eine zusätzliche Federauflage verändert den Verlauf der Fließkurve signifikant, so daß die Eigenschaften der Federauflage bezüglich Kraft oder auch Position identifiziert werden können und das Justageergebnis daraufhin ausgerichtet werden kann.

Die positionsübergreifende Biegejustage kann in eine Kraftdirektjustage oder in eine Relativlagenjustage unterschieden werden (Bild 40).

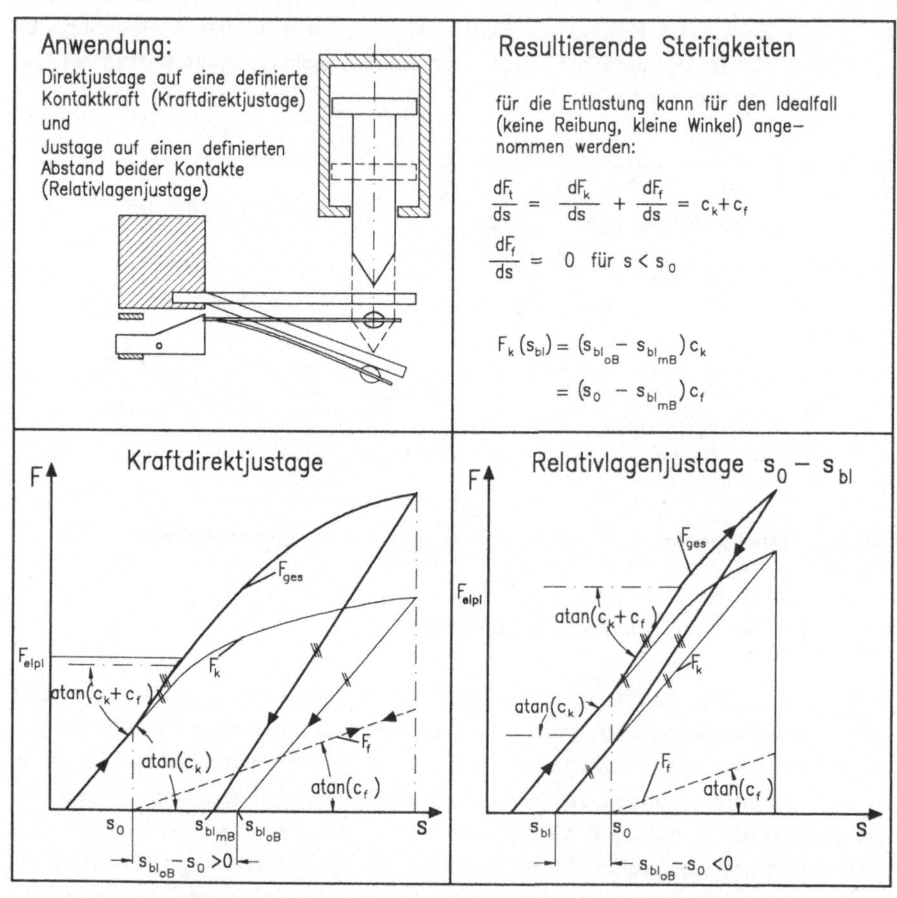

In der "Resultierende Steifigkeiten"-Box:

$$\frac{dF_t}{ds} = \frac{dF_k}{ds} + \frac{dF_f}{ds} = c_k + c_f$$

$$\frac{dF_f}{ds} = 0 \quad \text{für } s < s_0$$

$$F_k(s_{bl}) = (s_{bl_{oB}} - s_{bl_{mB}})\,c_k$$

$$= (s_0 - s_{bl_{mB}})\,c_f$$

Bild 40: Positionsübergreifende Direktjustage mit Unterstützung der Fließkurve

Bei der Kraftdirektjustage ist das Justageziel eine definierte Kraft zwischen Biegebauteil und Federauflage während bei der Relativlagenjustage das Justageziel ein bleibender definierter Abstand zwischen Biegebauteil und Federauflage ist. Im Fall der Kraftdirektjustage wird als Steifigkeit der Entlastungskurve die Summe der Steifigkeit von Biegebauteil und Federauflage angenommen. Die nach dem Biegeprozeß vorliegende Auflagekraft läßt sich über die erkannte Steifigkeit der Federauflage und dem Abstand zwischen Erstberührung und Endposition von Biegebauteil und Federauflage bestimmen. In der Relaisjustage ist es oft möglich, daß die Kontaktkraft zwischen Federauflage und Biegebauteil durch Umschalten des Relais aufgehoben werden kann. Dann ist die resultierende Kraft durch die Steifigkeit des Biegebauteils und dessen Position ohne Belastung der Kontaktauflage und mit Belastung errechenbar. Im Fall der Relativlagenjustage muß bei der Vorausbestimmung der Entlastungskurve der Steifigkeitsknick an der Stelle berücksichtigt werden, an der der Kontakt zwischen Biegebauteil und Kontaktfeder wieder stattfindet.

Für den Einsatz der entwickelten positionsübergreifenden Direktjustage ergeben sich die folgenden notwendigen Bedingungen:

1. Start des fließkurvengeregelten Biegevorgangs ohne Berührung der Federauflage.

2. Berührung der Federauflage innerhalb des rein elastischen Bereiches.

3. Lineare Kennlinie der Federauflage.

4. Geringe Reibung zwischen den Kontaktpaarungen.

Die erste Bedingung ist notwendig für die Elastizitätserkennung des Biegebauteils. Die zweite Bedingung wird dazu benötigt, daß der Berührungspunkt aufgrund der Steigungsänderung genau erkannt wird, während die 3. Bedingung notwendig ist, um den Verlauf der Entlastungskurve genau vorherzubestimmen.

Ein Unsicherheitsfaktor, der die Genauigkeit beträchtlich einschränken kann, ist die Reibung an der Kontaktstelle zwischen Biegebauteil und Federauflage mit dem Effekt, daß die Reibkraft nicht von der Kraft der Federauflage während der Belastung separierbar ist und das Vorzeichen der Reibkraft bei Entlastung wechselt. So kann der Entlastungsverlauf nicht mehr sicher vorausbestimmt werden. Eine Möglichkeit, den reibungsbedingten Biegefehler zu verringern, ist, die Reibkraftkomponente der Entlastungskurve durch einen Korrekturfaktor zu berücksichtigen. Die Bestimmung dieses Korrekturfaktors ist näherungsweise durch Ermittlung der Reibverhältnisse bei elastischer Verformung möglich. Diese Bestimmung kann vor jedem einzelnen Biegevorgang oder pauschal für bestimmte Bauteilserien durchgeführt werden.

6 Entwicklung eines Justagesteuerungsverfahrens auf der Basis von Fuzzy-Logik

6.1 Struktur des Steuerungssystems

Für das Steuerungssystem mit den drei Entscheidungsfunktionen:

- Auswahl der Justagestrategie,

- Ermittlung der Stellgröße und

- Anpassung an verändertes Systemverhalten

wurden zwei verschiedene Strukturen entwickelt, ein globale mit einer Entscheidungs-ebene und eine hierarchische Struktur mit zwei Entscheidungsebenen (<u>Bild 41</u>).

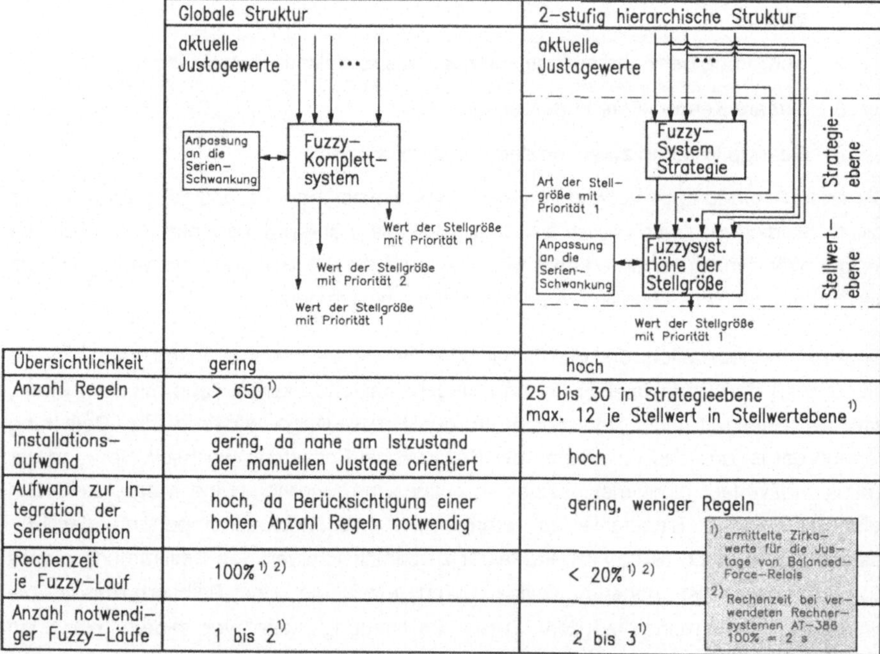

	Globale Struktur	2-stufig hierarchische Struktur
Übersichtlichkeit	gering	hoch
Anzahl Regeln	> 650 [1]	25 bis 30 in Strategieebene max. 12 je Stellwert in Stellwertebene [1]
Installations-aufwand	gering, da nahe am Istzustand der manuellen Justage orientiert	hoch
Aufwand zur In-tegration der Serienadaption	hoch, da Berücksichtigung einer hohen Anzahl Regeln notwendig	gering, weniger Regeln
Rechenzeit je Fuzzy-Lauf	100% [1] [2]	< 20% [1] [2]
Anzahl notwendi-ger Fuzzy-Läufe	1 bis 2 [1]	2 bis 3 [1]

<u>Bild 41</u>: Ausprägungen einer globalen und einer zweistufig hierarchischen Fuzzy-Struktur zur Steuerung der Justage von Balanced-Force-Relais

Die aktuellen Justagewerte bilden die Entscheidungsbasis für die zu bestimmenden Justageschritte. Aufgrund des geringen Zeitaufwandes für die Aufnahme der veränderten Justagegrößen gegenüber der Durchführung weiterer Justageverrichtungen ist es sinnvoll, nach jeder einzelnen Justageverrichtung die Justagegrößen neu zu ermitteln, um daraufhin die Art und Größe der nächsten Stellgrößen zu bestimmen.

Die globale Struktur wird durch gleichrangige Regeln gebildet, die alle gleichermaßen Aussagen über die Höhe der Stellgrößen treffen; entsprechend der Relation der Stellgrößen zu ihrem maximal zulässigen Stellbereich wird gleichzeitig über die Reihenfolge Ihrer Abarbeitung entschieden. Da dieses Vorgehen weitgehend der Arbeitsweise des Justagepersonals entspricht, ist der Installationsaufwand gering.

Das System mit zweistufig hierarchischer Struktur enthält in der oberen Ebene Regeln für die Entscheidung über die Art der Stellgröße (Strategie). Nachdem in dieser Ebene über die neue Strategie entschieden worden ist, wird in der unteren Ebene der Wert der Stellgröße ermittelt.

Die Bewertung der Strukturen für die Anwendung auf die Justage von Balanced-Force-Relais zeigt wesentliche Vorteile für das hierarchische System, das deshalb als Grundlage für die zu entwickelnden Adaptionsverfahren verwendet wird.

6.2 Einrichtung und Abarbeitung des Fuzzy-Systems

Das Bild 42 zeigt die Vorgehensweise zum Überführen der Regeln in die Fuzzy-Logik sowie das Prinzip der Logikabarbeitung an einem Beispiel in der Strategieebene für die zweistufig hierarchische Struktur.

Der Grad, mit dem die Regeln über die Stellgrößenbedeutung durch die aktuellen Justagewerte erfüllt werden, bildet Flächen in den Zugehörigkeitsfunktionen für die Stellgrößenbedeutung. Die Lage des gemeinsamen Flächenschwerpunktes auf der Abszisse der Zugehörigkeitsfunktion legt die Bedeutung der Stellgröße fest, die zwischen 0 und 1 liegen kann. Die Justageaktion wird durch die Stellgröße bestimmt, für die die höchste Bedeutung ermittelt wurde /62/.

Nach der Bestimmung der Justageaktion ermittelt der Logikbaustein in der Stellwert-Ebene nach demselben Verfahren den Wert der zuvor ausgewählten Stellgröße. Dann ist jedoch auf der Abszisse der Zugehörigkeitsfunktion für die Stellgröße nicht mehr die Bedeutung sondern ein relativer Zustellwert aufgetragen.

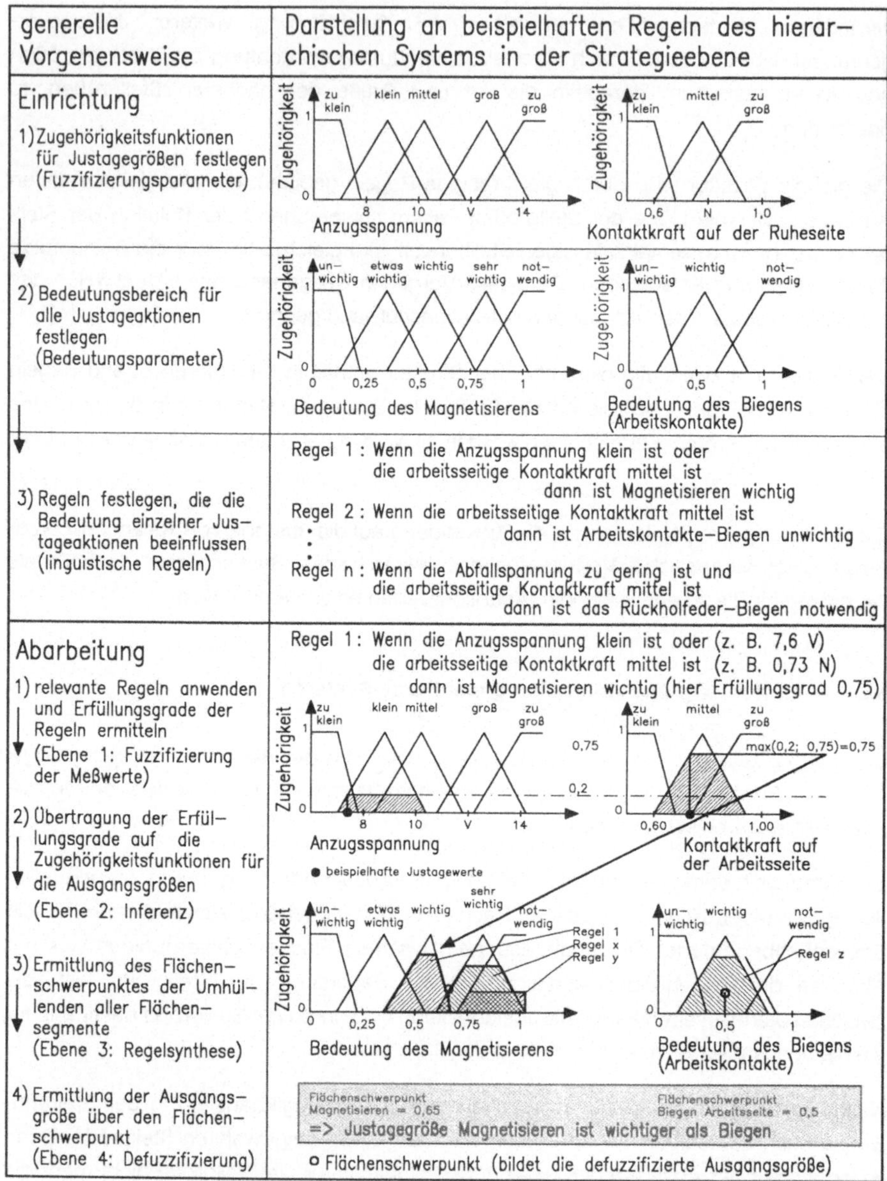

Bild 42: Einrichtung und Abarbeitung von Fuzzy-Strukturen verdeutlicht an einem Beispiel in der Strategieebene

6.3 Entwicklung von Verfahren zur Adaption des Fuzzy-Reglers auf schwankendes Bauteilverhalten

Eine Anpassung an das Systemverhalten setzt eine Lernfähigkeit aus einem vorangegangenem Fehlverhalten voraus. Die Rückkoppelung eines Fehlverhaltens erfolgt dann, wenn in dem Justageprozeß der ermittelte Stellwert w_{fuzzy1} aufgrund der Schwankungen so unpassend war, daß das Justageziel nicht erreicht werden konnte und in einer zweiten Regelschleife ein besserer Wert w_{ideal} ermittelt werden mußte. Aufgrund der sich dabei ergebenden Differenz zwischen w_{fuzzy1} und w_{ideal} kann der Regler "lernen".

Es ist möglich, daß das gerade justierte Bauteil nicht die aktuelle Tendenz der Schwankung widerspiegelt. Deshalb ist es nicht sinnvoll, den Regler auf eine einzelne Differenz ($w_{fuzzy1} - w_{ideal}$) vollkommen umzustellen. Vielmehr ist diese Differenz für eine stabile Anpassung nur zu einem definierten Anteil zu berücksichtigen. Der Anteil richtet sich nach der Häufigkeit und Höhe der Schwankungen und ist in Versuchen zu optimieren.

Im folgenden werden zwei Methoden zur Anpassung von Fuzzy-Logik an veränderliches Verhalten von Justagebauteilen entwickelt.

6.3.1 Skalenadaption

Die Skalenadaption paßt die Zuordnung der Stellwerte zu den Zugehörigkeitsfunktionen zur Defuzzifizierung an. Die Koordinate mit den Stellwerten wird jeweils um das Maß d_i innerhalb festgelegter Grenzen verschoben. Die Verschiebungen d_i können jeweils für eine Reihenfolge- oder eine Serien-gewichtende Anpassung berechnet werden (Bild 43). Die Reihenfolge-gewichtende Anpassung bezieht sich nur auf die vorhergegangene Verschiebung, während bei der Serien-gewichtenden die Historie des aktuellen und der vorangegangenen Lose gespeichert werden muß.

Eine Serien-gewichtende Anpassung ist dann sinnvoll, wenn innerhalb eines Fertigungsloses ein konstantes Verhalten auf Justagestellwerte angenommen werden kann. Hier sollten alle justagerelevanten Einzelteile jeweils aus demselben Fertigungslos stammen und die Montage sollte auf derselben Fertigungseinrichtung durchgeführt worden sein. Wenn diese Voraussetzungen nicht gewährleistet sind, ist die Reihenfolge-gewichtende Anpassung sinnvoller, die auf der Annahme beruht, daß statistisch die Fertigungslose auch in der Justage noch nahe zusammenliegen.

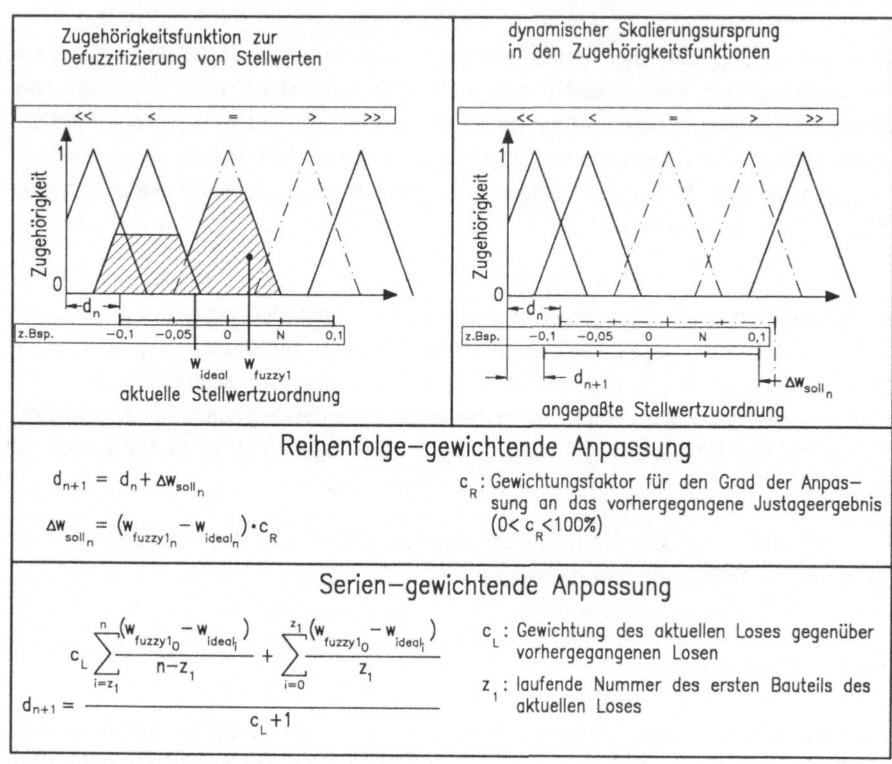

Reihenfolge−gewichtende Anpassung

$$d_{n+1} = d_n + \Delta w_{soll_n}$$

$$\Delta w_{soll_n} = \left(w_{fuzzy1_n} - w_{ideal_n} \right) \cdot c_R$$

c_R: Gewichtungsfaktor für den Grad der Anpassung an das vorhergegangene Justageergebnis ($0 < c_R < 100\%$)

Serien−gewichtende Anpassung

$$d_{n+1} = \frac{c_L \sum_{i=z_1}^{n} \frac{\left(w_{fuzzy1_0} - w_{ideal_i} \right)}{n - z_1} + \sum_{i=0}^{z_1} \frac{\left(w_{fuzzy1_0} - w_{ideal_i} \right)}{z_1}}{c_L + 1}$$

c_L: Gewichtung des aktuellen Loses gegenüber vorhergegangenen Losen

z_1: laufende Nummer des ersten Bauteils des aktuellen Loses

Bild 43:   Skalenadaption

Der Vorteil dieses Verfahrens liegt darin, daß nur in der untersten Ebene des Regelwerkes Veränderungen vorgenommen werden und somit die Systemübersichtlichkeit gewährleistet wird. Zudem ist es schnell ersichtlich, daß die Art der Anpassung nicht zu Instabilitäten führen wird. Nachteilig für die Funktionalität des Verfahrens ist speziell bei komplexen Regelwerken, daß die Änderung der Skalierung auch die Auswirkung anderer Regeln ändert, die in einem anderen Justagezustand auf diese Skalierung zugreifen.

6.3.2   Plausibilitäts- und Termadaption

Die Plausibilitäts- und Termadaption (<u>Bild 44</u>) geht ein bzw. zwei Anpassungsebenen tiefer; hier werden die Plausibilitäten und sogar die Terme von Regeln angepaßt. Die Plausibilitätsfaktoren P_i gewichten die einzelnen Regeln.

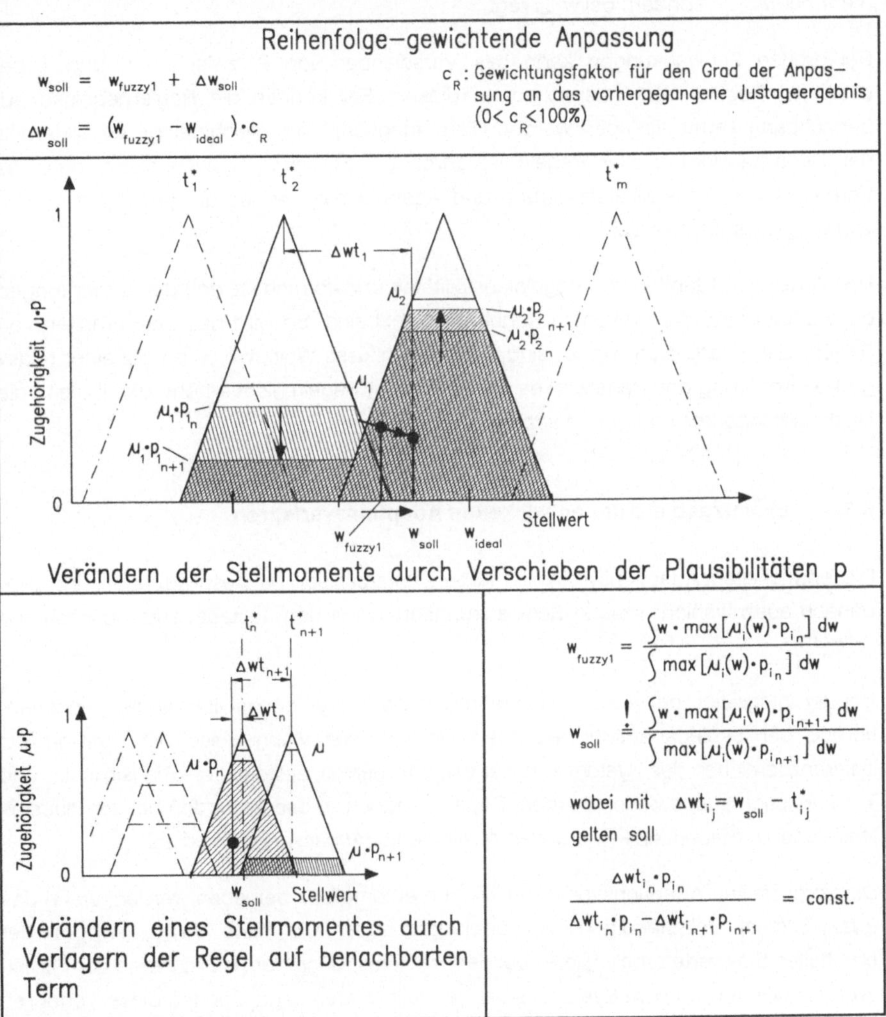

<u>Bild 44:</u>   Plausibilitäts- und Termadaption

Ist eine Abweichung des Stellwertes w_{fuzzy1} vom idealen Stellwert w_{ideal} erkennbar, so kann der Korrekturwert w_{soll} mit der Reihenfolge-gewichtenden Anpassung ermittelt werden. Die Plausibilitäten der relevanten Regeln werden dann so verändert (Plausibilitätsadaption), daß bei einem wiederholten Fuzzylauf mit gleichen Eingangsgrößen der Schwerpunkt der gemeinsamen Fläche der Zugehörigkeitsfunktion nicht mehr bei w_{fuzzy1} sondern bei w_{soll} liegt.

Bei großen Schwankungen kann das Verschieben von P_i zwischen 0 und 1 bei einzelnen Regeln nicht ausreichen. In diesem Fall können die Reglergebnisse auf benachbarte Terme verlagert werden (Termadaption). Eine gleichmäßige Veränderung der Regelauswirkung aller Regeln ist durch die Forderung gewährleistet, daß das Verhältnis von Plausibilitätsänderung und Abstand des Termes der jeweiligen Regeln von w_{soll} konstant sein soll.

Der Vorteil der Adaption von Regelplausibilitäten und -termen ist, daß die Auswirkungen der Adaption auf die relevanten Regeln begrenzt sind. So wird das Stellverhalten von Regeln, die gerade nicht aktuell sind, nicht beeinflusst. Weiterhin wird trotz einer relativ großen Änderung des Regelwerkes die Anzahl der Regeln nicht erhöht; damit bleibt die Nachvollziehbarkeit und gute Wartbarkeit gewährleistet.

6.3.3 Einsatzgebiete der entwickelten Adaptionsverfahren

Die entwickelten Adaptionsverfahren haben unterschiedliche Ausprägungen und sind danach auszuwählen, welche Schwankungsarten bei den Justagebauteilen bestehen (<u>Bild 45</u>).

Bei der Integration der Adaptionsverfahren in die Fuzzy-Logik sollte mit der Implementierung der Skalenadaption begonnen werden; erst wenn diese mit den großen Toleranzbereichen des Systemverhaltens überfordert ist, sollte auf die Plausibilitäts- und Termadaption ausgewichen werden. Dabei ist jedoch zu beachten, daß bei der Plausibilitäts- und Termadaption keine Serien-gewichtende Anpassung einsetzbar ist.

Die vorgestellten Adaptionsverfahren können automatisch betrieben werden, wenn das Fuzzy-System selbständig Rückkoppelungen über die Güte (w_{fuzzy1}-w_{ideal}) der ermittelten Stellwerte erhält, wie es bei der Problemstellung der Relaisjustage der Fall ist. Wenn die Güte nicht vom System selbst beurteilt werden kann, können diese Verfahren auch halbautomatisch betrieben werden, indem das Einricht- oder Wartungspersonal die Güte einzelner Stellwerte interaktiv bewertet und das Adaptionssystem daraufhin diese "geteachten" Gütekriterien in entsprechender Weise berücksichtigt.

	Skalenadaption	Plausibilitäts- und Termadaption	
Anpassungs-ebenen	Ebene 4: Defuzzifzierung	Ebene 3: Regelsynthese [1] Ebene 2: Inferenz [2]	[1] bei Plausibili-tätsadaption [2] bei Term-adaption
Auswirkungs-bereich	alle Regeln, die der aktuellen Skalierung zugeordnet sind	nur aktuelle Regeln	
Übersichtlichkeit	hoch	gering	
Installations-aufwand	gering	hoch	
mögliche Gewichtungsarten	Reihenfolge- und Serien-Gewichtung	nur Reihenfolge-Gewichtung	
Sinnvolle Einsatzbereiche	Justage losweise ähnlicher Bauteile und Justage Reihenfolge-ähnlichen Bauteilen mit geringen Unterschieden	Justage von Reihenfolge-ähnlichen Bauteilen mit großen Unterschieden	

Bild 45:   Ausprägungen und Einsatzfelder der entwickelten Adaptionsverfahren

7 Versuchsaufbau und Versuchsergebnisse

7.1 Mechanischer Aufbau

Zur Erprobung der entwickelten Konzepte und Verfahren zur Relaisjustage wurde eine Pilotanlage aufgebaut.

Dabei sind folgende wesentliche Komponenten (<u>Bild 46</u>) eingesetzt:

- programmierbarer Drehtisch PRT-D 100 mit Schrittmotorsteuerung (Fa. Phytron),

- programmierbarer X-, Y-- Kreuztisch PKT 100 mit Schrittmotorsteuerung (Fa. Phytron),

- pneumatischer 90° Rundschalttisch RT (Fa. Mannesmann-Rexroth),

- Linearmodul LI 30-90 (Fa. Sommer),

- Parallelbackengreifer GP 19 (Fa. Sommer),

- 2 Kurzhubzylinder 20 x 10 (Fa. Bosch),

- Schwingförderer LSF 90 (Fa. Bosch),

- Mutter-Spindel-Linearvorschub (Fa. PI) mit Gleichstrommotor und spielfreiem Getriebe (Fa. Faulhaber),

- Magnetisiergerät Power Tower IM 2525 MD-C (Fa. MPS),

- Grauwertbildverarbeitungssystem VISION-VERIFY (Fa. VISION TOOLS) mit CCD-Kamera (Fa. SONY),

- Industrie-PC AT 386 (Fa. VISION TOOLS).

Die Positionen zum Bereitstellen, Ablegen, Messen und Justieren sind so ausgelegt, daß die Anforderungen an das Handhabungssystem auf ein ebenes Positionierproblem minimiert wurde, das eine rotatorische programmierbare Achse und eine anschlaggesteuerte Linearachse mit Greifer benötigt. Ein Positionswechsel an der Biegejustagestation von der Arbeits- auf die Ruheseite erfolgt durch einen pneumatischen 90°-Rundschalttisch. Die Bereitstellung der Werkstücke erfolgt über Stangenmagazine und Schwingförderer. Zur Umrüstung bei Typenwechsel ist ein manueller Austausch von Greiferbacken und Stangenmagazinen erforderlich.

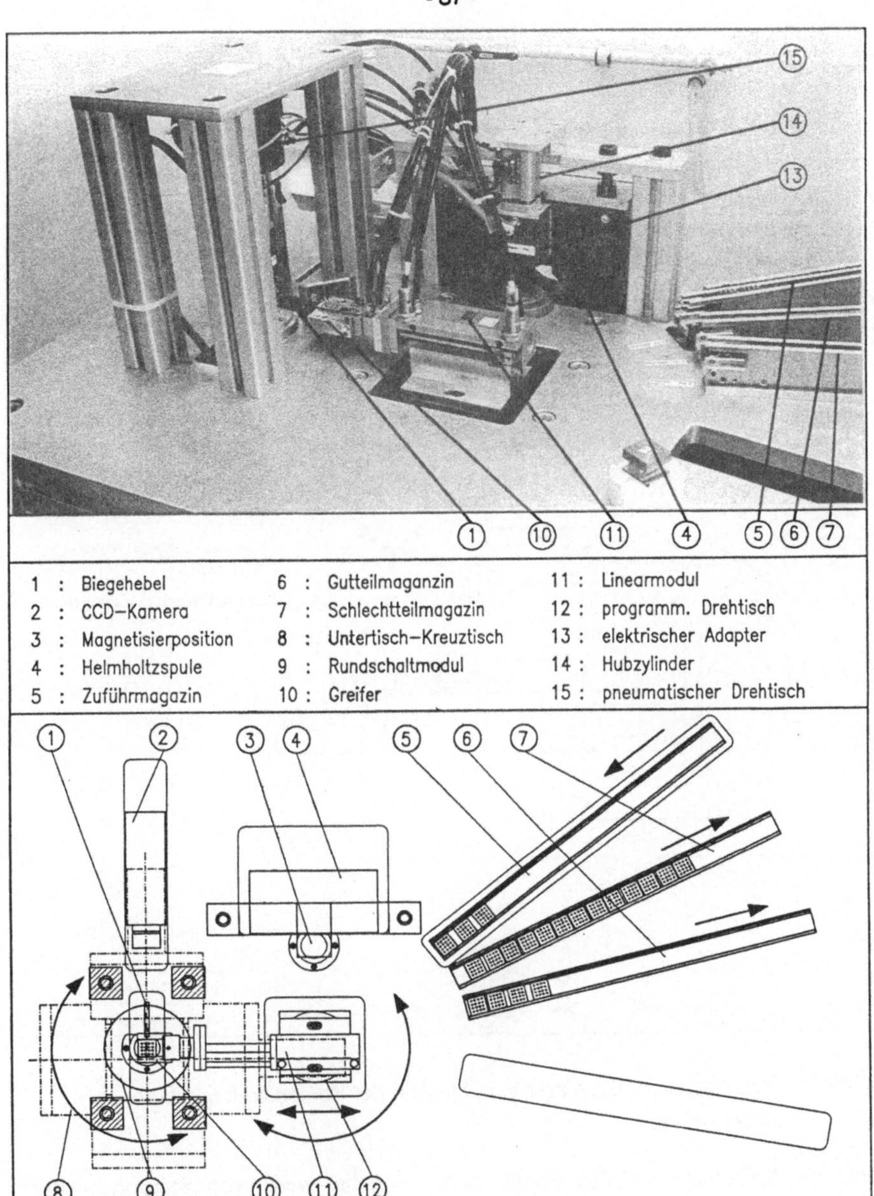

Bild 46:   Mechanischer Aufbau

7.2 System zum Biegejustieren und zur Kontaktkraftmessung

Das Modul zum fließkurvengeregelten Biegejustieren wurde als 3-achsiges kartesisches Koordinatensystem aufgebaut. Ein schrittmotorgesteuerter X-, Y- Kreuztisch übernimmt die Positionierung in der horizontalen Ebene mit einer Genauigkeit von ±5 μm. Die Biegebewegungen und die Positionierung in vertikaler Richtung werden durch die Kombination von Mutter-Spindel-System und Gleichstrommotor erzeugt, wodurch eine Stellgenauigkeit von ±1 μm erzielbar ist. Der Aufbau des Biegesystems ist in Bild 47 dargestellt.

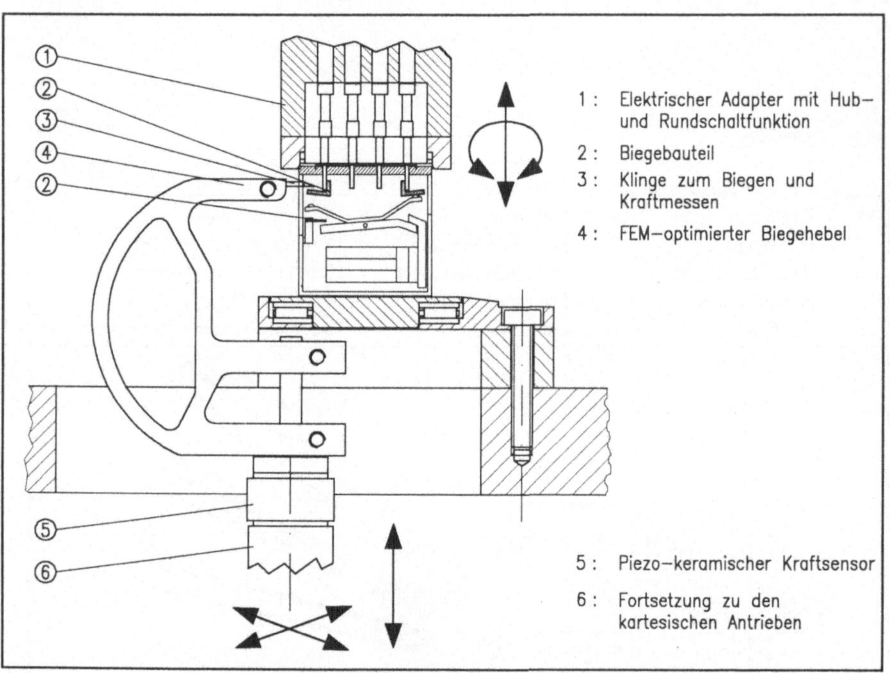

Bild 47: Arbeitsposition des Aktors zum Messen der Kontaktkraft und zum Biegejustieren

Damit die Meßergebnisse des Kraftsensors möglichst wenig von Störungen durch Momenteneinflüsse beeinflußt werden, muß er in der Biegeachse angebracht sein. Um diese Forderung zu erfüllen und gleichzeitig die Biegepositionen erreichen zu können, ist der Einsatz eines C-förmigen Bügels als Verbindung zwischen Kraftsensor und Biegeklinge notwendig. Da die Formgebung des C-Bügels für eine maximal hohe

Positionier- und Biegedynamik (möglichst leicht mit guter Dämpfung) und für eine minimale Fließkurvenverfälschung (möglichst steif) einen Zielkonflikt hervorruft, wurde er mit Hilfe der FEM-Methode masse-, schwingungs- und steifheitsoptimiert ausgeführt.

Da für das Biegeverfahren und das Kontaktkraftmessverfahren ein Kraftsensor notwendig ist, wurde das System so ausgeführt, daß es beide Funktionen durchführen kann. Dies wurde mit dem Einsatz eines piezokeramischen Kraftsensors 201A (Fa. PCB) erreicht, der einen Meßbereich von ± 70 N und eine Meßgenauigkeit von 0,001 N hat.

Beim Einsatz der konzipierten Kontaktkraftmessverfahren zeigt sich, daß mit der direkten Kraftmessung bei den bestehenden Reibverhältnissen und Kennlinien die höchsten Meßgenauigkeiten zu erzielen sind. Daher wird in der Pilotanlage für die weiteren Untersuchungen das Verfahren der direkten Kraftmessung angewandt; dieses Verfahren stellt die höchsten Anforderungen an die Positioniergenauigkeit. Die Positionierspiele sind bei fast allen Relaistypen geringer als die Positionstoleranzen der Kontaktfedern. Mit einem taktilen Antastverfahren zur Erfassung der Absolutpositionen der Kontaktfedern sowie der Anbringung verschiedener Schrägflanken an der Biegeklinge für eine bessere Zugänglichkeit und eine Vergrößerung der Positionierfläche kann jedoch das Biegesystem die Positionieranforderungen voll erreichen (Bild 48).

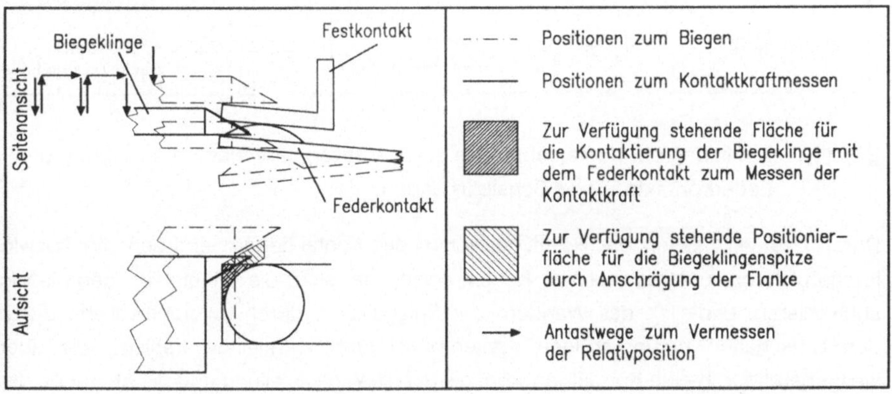

Bild 48:   Optimierte Klingenform zur Integration von Kontaktkraftmeßfunktion und Biegefunktion in ein Modul

7.2.1 System zum Messen der Kontaktabstände

Für das Messen der Kontaktabstände wurde ein Grauwertbildverarbeitungssystem in Verbindung mit einer CCD-Kamera, die eine Sensormatrix von 512 x 512 Pixeln besitzt, eingesetzt. Ein Durchlichtverfahren ist bei den verwendeten Beispielrelais aufgrund der fehlenden rückwärtigen Zugänglichkeit nicht einsetzbar.

Das eingesetzte Reflexionslichtverfahren kann wegen stark schwankender Kantenradien die Absolutpositionen der Festkontakte nur mit einer Genauigkeit von ± 300 μm und die der Federkontakte mit einer Genauigkeit von ± 150 μm bestimmen; deshalb wird die Schaltbarkeit der Relais genutzt und der Weg Δz der Federkontakte während des Umschaltvorganges ermittelt. Bild 49 zeigt Aufnahmen der CCD-Kamera und die prinzipielle Vorgehensweise.

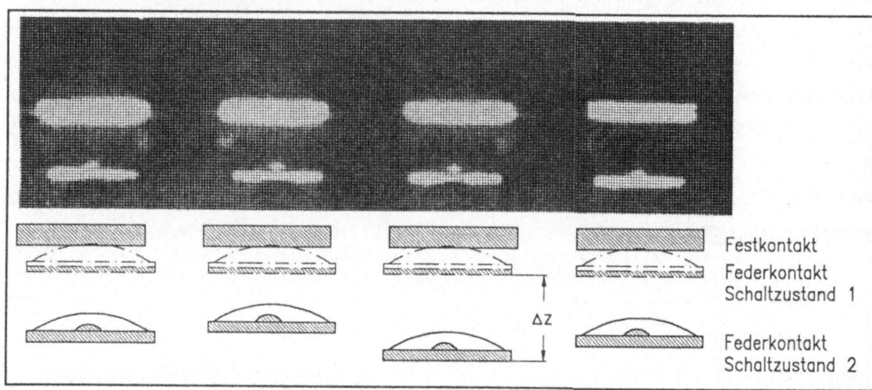

Bild 49: Ermittlung der Kontaktabstände durch Messen der Relativverschiebung der Federkontakte in zwei Schaltzuständen

Durch das Vermessen der Relativpositionen der Kontaktfedern entfallen die Auswirkungen durch unterschiedliche Kantenradien, da sich die Meßfehler gegenseitig subtrahieren. Lediglich das Wandern der Spiegelkante durch unterschiedliche durch das Umschalten hervorgerufene Kantenwinkel führt zu kleinen Fehlern, die aber weitgehend durch eine Korrekturtabelle, die auf die Winkelstellung und die Abstände der Kontakte Bezug nimmt, abgefangen werden; es kann eine Meßgenauigkeit von ± 40 μm erreicht werden.

Weiterhin kann das Meßsystem dazu eingesetzt werden, fehlerhaft montierte Relais als Ausschuß zu erkennen, wenn der Versatz zwischen Fest- und Federkontakt senkrecht zur Blickrichtung zu groß oder die Kontaktfedern verbogen sind.

7.3 Steuerung

Die Steuerung des Gesamtsystems übernimmt ein Industrie-PC AT 80386. Sämtliche Programmcodes sind über Turbo-Pascal 5.5 generiert. Aufgrund der betriebssystembedingten Speicherplatzbegrenzung sind verschiedene Teilfunktionen auf eigenständige Hauptprogramme übertragen, die von einem Master-Programm verwaltet und bedarfsweise aufgerufen werden. Der komplette Informationsaustausch erfolgt über eine Informationsdatei, damit alle Hauptprogramme getrennt voneinander erstellt und getestet werden können. Weiterhin gibt es Hilfsprogramme als Unterprogramme auf die alle Hauptprogramme zentral zugreifen können (Bild 50).

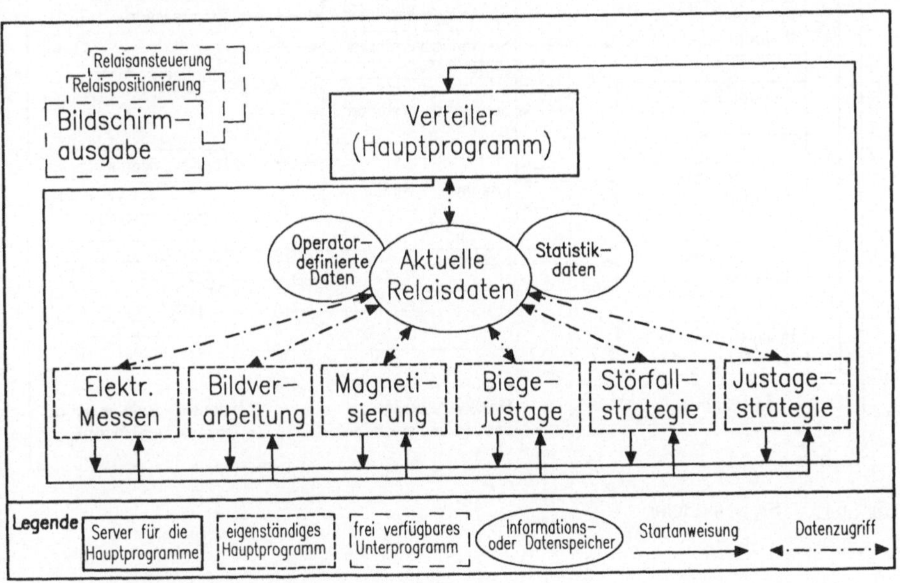

Bild 50:   Programmstruktur der Steuerung

Neben dem Industrie-PC sind weitere steuerungstechnische und elektrotechnische Komponenten integriert, um die Sensor- und Stellsignale entsprechend zu wandeln oder zu übertragen. Bild 51 zeigt den Signalflußplan der Pilotanlage.

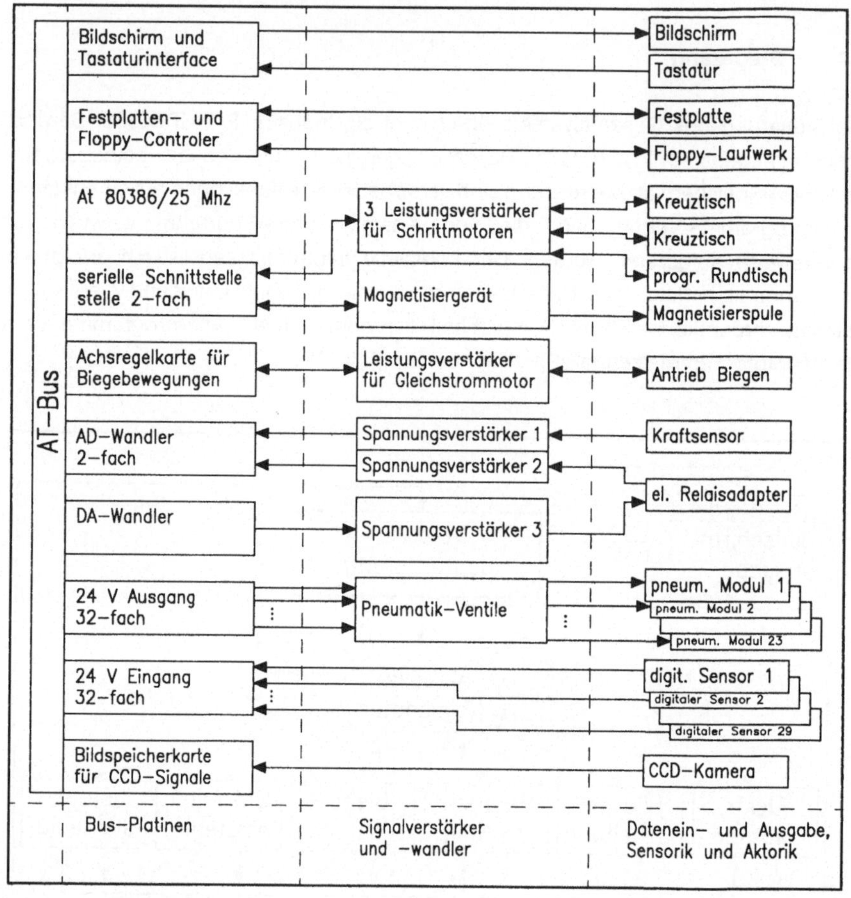

Bild 51:   Signalflußplan

7.4   Justageablauf

Der Justageablauf ist nur in Bezug auf die Anfangsverrichtungen in der Reihenfolge streng vorgegeben. Diese Reihenfolgevorgabe beschränkt sich auf die Vorjustage der

Relais, die dazu dient, daß die Relais schaltbar sind und alle aktuellen Justagewerte aufgenommen werden können.

Die Vorjustage setzt sich aus folgenden Verrichtungen zusammen:

1. Entnahme des Relais aus dem Bereitstellungsmagazin und Positionieren vor der Magnetisierspule

2. Magnetisieren auf Sättigung und Entmagnetisierung mit einer definierten Entmagnetisierungsspannung

3. Biegen der Rückholfeder mit der Relativlagenjustage auf eine Position ohne Ankerkontakt

4. Vorjustage der Arbeitskontaktkräfte mit der Kraftdirektjustage

5. Messen der Arbeitskontaktabstände

6. Vorjustage der Ruhekontaktkräfte mit der Kraftdirektjustage

7. Messen der Ruhekontaktabstände

8. Messen der Anzugs- und Abfallspannungen aller Kontakte sowie der Ankerzwischenstellungen

Nach dieser Vorjustage sind alle aktuellen Justagewerte des Relais erfaßt. Sie bilden die Grundlage für die Ermittlung der geeigneten Justagestrategie mit Hilfe der Fuzzy-Logik. Die strategiebedingte weitere Verrichtungsreihenfolge ist beliebig. Bei mehr als 70% der Relais hat das Entscheidungssystem jedoch folgende einheitliche Verrichtungsreihenfolge erfolgreich festgelegt:

9. Justage der Ruhekontaktkräfte auf als optimal ermittelte Werte

10. Justage der Arbeitskontaktkräfte auf als optimal ermittelte Werte

11. Magnetisierjustage auf geeignete Anzugsspannungen

12. Justage der Rückholfederposition auf als optimal ermittelte Anzugs- und Abfallspannungen

13. Überprüfen der Ankerbewegung auf Zwischenstellungen

14. Überprüfen der Kontaktabstände

15. Ausschleusen in Gut- oder Schlechtteilmagazin

Nach den Verrichtungen 11 bis 14 sind bedarfsweise einzelne Kontaktkräfte und der Magnetisierungsgrad angepaßt worden.

7.5   Versuche zum fließkurvengeregelten Biegejustieren

7.5.1   Verringerung der winkelbedingten Fehler

Um die winkelbedingten Fehler von den reibbedingten Fehlern separieren zu können, wurden die Oberflächen der Kontaktbrücken mit einem Gleitmittel versehen, so daß die Auswirkungen des Reibfaktors auf die am Sensor wirkende Kraft vernachlässigbar ist. Der Winkel, den die Kontaktkraft vom Lot der Fläche der Kontaktbrücke abweicht, ist maßgeblich für den Winkelkorrekturfaktor k_w. Sein Wert muß deshalb zu jedem Zeitpunkt des Biegevorgangs bekannt sein. Ausgehend davon, daß der Befestigungspunkt der Kontaktbrücke immer eine ähnliche Absolutposition hat, kann der Winkel über die Position des Biegeberührpunktes ermittelt werden. Diese Art der Winkelerfassung kostet keine zusätzliche Taktzeit, setzt jedoch für einen erfolgreichen Einsatz eine konstante Position des Befestigungspunktes des Biegebauteils voraus. Eine exaktere Winkelbestimmung ist über zwei Antastpunkte auf der Fläche des zu verbiegenden Relaiskontaktes möglich. In diesem Fall verdoppelt sich nahezu die Gesamtbiegetaktzeit gegenüber einer indirekten Winkelbestimmung.

In Versuchsreihen wurden an 100 Relais einer Serie jeweils 3 Kontaktbrücken fließkurvengeregelt um einen Sollwert von 0,5 mm gebogen; hierbei wurden die Winkel folgendermaßen bestimmt und mit dem Winkelkorrekturfaktor k_w berücksichtigt:

Kontakt 1: ohne Berücksichtigung des Winkels,

Kontakt 2: indirekte Winkelbestimmung über die Absolutposition des Biegeberührpunktes,

Kontakt 3: direkte Winkelbestimmung über die Absolutpositonen zweier Flächenpunkte.

Für diese Biegevorgänge waren Verformungswinkel von bis zu 16° notwendig. Bild 52 zeigt, daß bei den verwendeten Versuchsrelais die Biegegenauigkeit durch die indirekte Winkelermittlung über die Absolutposition des Biegeberührpunktes schon eine beträchtliche Genauigkeitssteigerung erzielt werden kann. Die Toleranzen in der Absolutposition der Befestigungspunkte waren so klein, daß der Einsatz der direkten Winkelmessung über zwei Flächenpunkte nur eine unwesentliche weitere Verbesserung brachte.

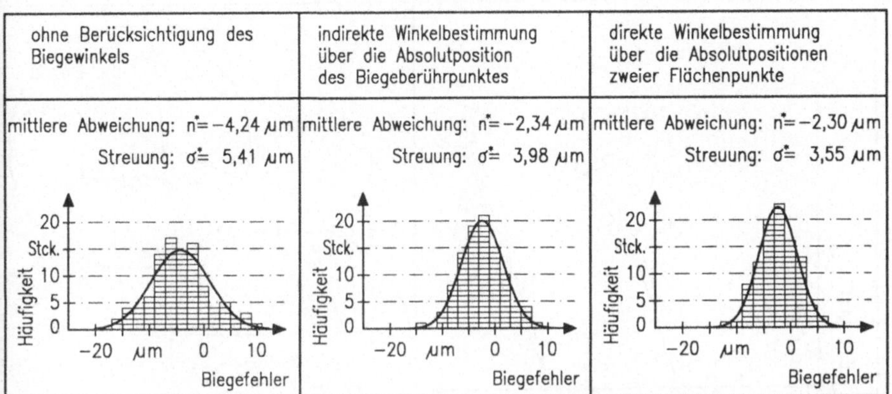

Bild 52: Genauigkeitssteigerung durch Berücksichtigung des Biegewinkels

7.5.2 Verringerung der reibungsbedingten Fehler

Um die über die Auswirkungen der Reibung auf das Biegeergebnis urteilen zu können, wurde das fließkurvengeregelte Biegejustieren bei Relaisvarianten mit 2 verschiedenen Kontaktoberflächen untersucht:

1. gut gleitfähige Oberfläche (zusätzlich gefettet)

2. schlecht gleitfähige Oberfläche (unbehandelt).

Repräsentative Biegefließkurven und die Auswirkung auf die Biegegenauigkeit zeigt **Bild 53**. Die Steifigkeit der Entlastung wurde aufgrund der Reibeinflüsse im Zustand 2 bei der Belastung als zu groß geschätzt; dadurch erfolgte eine Unterbiegung von ca. 20 μm.

Die reibungsbedingten Biegefehler wurden in Versuchsreihen mit 100 Kontakten im Zustand 2 untersucht. Es wurde eine mittlere Unterbiegung von $n^* = -21$ μm mit einer Standardabweichung von $\sigma^* = 8$ μm ermittelt. Bei weiteren 100 Kontakten dieser Art

wurde das Kraftsignal mit dem Korrekturfaktor $k_r = [\,1 + \mathrm{Sign}\,(\dfrac{d\alpha}{dt})\,\mu_g \cdot \tan\alpha\,]^{-1}$

korrigiert. Der durchschnittliche Reibungskoeffizient wurde hier mit $\mu_g = 0,28$ ermittelt; der Biegewinkel α wurde über die direkte Winkelbestimmung (doppeltes Abtasten der Fläche) für jeden Kontakt ermittelt. Die mittlere Unterbiegung sank dann auf $n^* = -5$ μm und die Standardabweichung reduzierte sich auf $\sigma^* = 4$ μm.

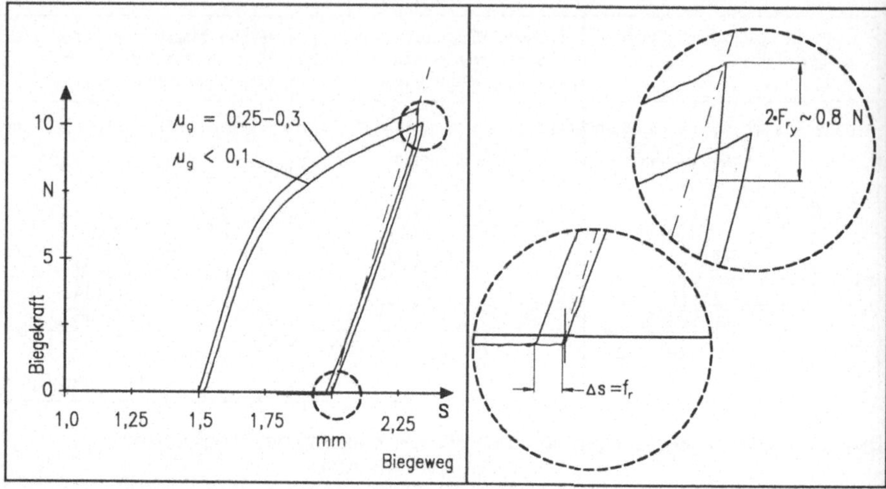

Bild 53: Auswirkungen der Reibeinflüsse auf das fließkurvengeregelte Biegejustieren

7.5.3   Verringerung der Fehler durch werkstoffmechanische Dämpfung

In Versuchen wurden Biegungen mit verschiedenen Biegegeschwindigkeiten durchgeführt. Bild 54 zeigt repräsentative Biegefließkurven mit einer Sollverformung auf den Absolutwert von 2,0 mm bei einer Relativverformung von etwa 0,7 mm. Die Hystereseeigenschaft nimmt mit steigender Biegegeschwindigkeit deutlich zu; genauso nimmt die Biegegenauigkeit ab (Bild 54, Bereich I). Die Verringerung der Biegegenauigkeit resultiert aus der aufgrund der Hysterese aufgenommenen Steigung im Belastungsbereich sowie aus der sich mit der Biegegeschwindigkeit verringerten Anzahl von Kraft-Weg-Punkten. Erstgenannte Fehlerursache läßt sich mit dem Korrekturfaktor k_d verringern. Hier sind Fehlerfelder ermittelt worden, in denen für verschiedene Biegegeschwindigkeiten in Abstufungen von 5 mm/s jeweils 50 Biegefließkurven mit einer bleibenden Sollverformung von 0,5 bis 0,7 mm ausgewertet wurden. Bei der Fehlerauswertung wurde eine Normalverteilung vorausgesetzt; die Fehlerfelder werden hier durch den mittleren Fehler und mit der Streuung ($n^* \pm \sigma^*$) gebildet.

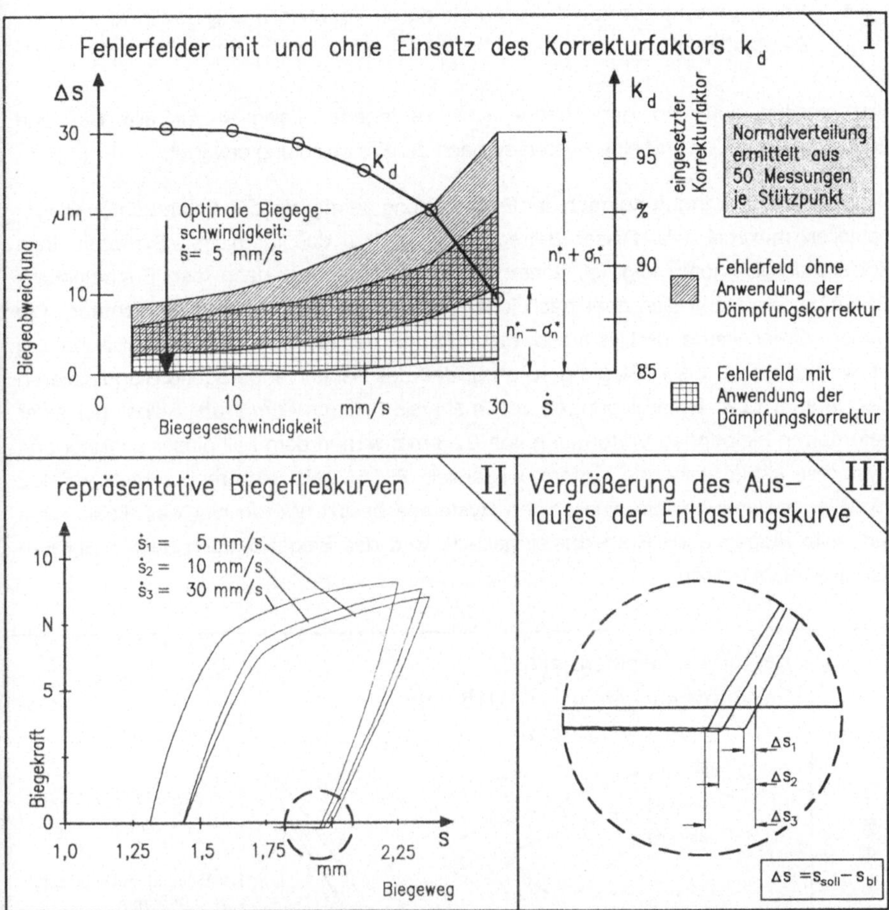

<u>Bild 54:</u>   Korrektur der geschwindigkeitsbedingten Werkstoffdämpfung

Die Untersuchungen zeigen, daß durch den Korrekturfaktor k_d zwar das mittlere Biege-ergebnis, nicht aber die Streuung in der Biegegenauigkeit verbessert werden kann. Weiterhin ist zu sehen, daß die Streuung bei einer Biegegeschwindigkeit unterhalb von 5 mm/s nur unwesentlich abnimmt. Somit gilt die Biegegeschwindigkeit 5 mm/s als die ideale Biegegeschwindigkeit in diesem Anwendungsbeispiel und wird als Basiswert für die weitergehenden Untersuchungen übernommen.

7.5.4 Verringerung der Fehler durch die durch Vorverformung bewirkte Anelastizität

Hier wurden aufgrund der Theorie eine verringerte Steifigkeit für alle Be- und Entlastungsgeraden und eine Hysterese nach der Erstbelastung erwartet.

Die Steifigkeitsverringerung nach der Erstbelastung beträgt bei den untersuchten Biegebauteilen maximal 1 %. Dieser Betrag ist so gering, daß für dieses Symptom kein Korrekturfaktor notwendig ist. Eine Hysterese ist schon nach der Erstbelastung erkennbar, verstärkt sich aber nach jeder weiteren Biegung in dieselbe Richtung. Die immer stärker werdende Hysterese, die nicht von der Biegegeschwindigkeit abhängig ist, wird ab der 4. bis 7. Biegung so groß, daß das fließkurvengeregelte Biegejustieren hier versagt bzw. Unterbiegungen von mehr als 0,1 mm hervorruft. Selbst bei einer geforderten bleibenden Verformung von 0,08 mm wird in dem Fall dieser auftretenden Hysterese keine bleibende Verformung erzielt. <u>Bild 55</u> zeigt eine repräsentative Folge von Biegefließkurven, die eine solche Hysterese besitzt. Würde hier das fließkurvengeregelte Biegen ohne Korrektur eingesetzt, wird das Biegeziel auch nach mehreren Schritten nicht erreicht.

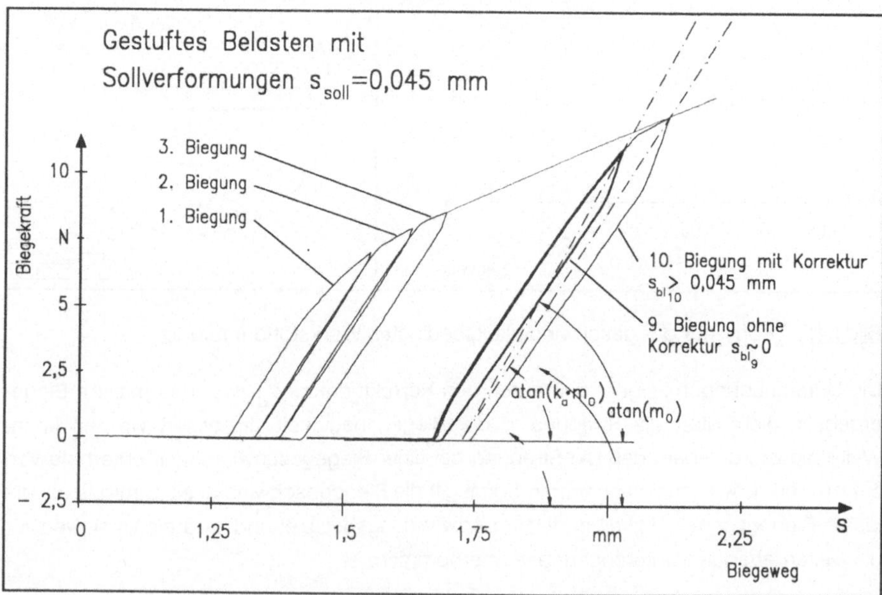

<u>Bild 55:</u>   Korrektur der vorverformungsbedingten Anelastizität

Um diesen Zustand zu verändern, der dadurch erkannt wird, daß das Biegeergebnis auch nach einer Wiederholbiegung nicht innerhalb einer zulässigen Toleranz von ± 10 μm erreicht wurde, wird auf eine Steigungskorrekturtabelle zurückgegriffen, die dafür sorgt, daß das Biegebauteil um einen definierten Weg über den vom Regler errechneten Abschaltpunkt hinaus gebogen wird. Damit wird erreicht, daß das Toleranzband der Biegeposition getroffen oder übertroffen wird. Bei einem nach einem Übertreffen der Biegeposition notwendigen Biegevorgang in die entgegengesetzte Richtung tritt diese Hysterese nicht mehr auf, so daß ohne die Steigungskorrektur k_{an} weiter gebogen werden kann.

7.5.5 Verringerung der Fehler durch statische Nachgiebigkeiten und Spiele des Aktors

Zur Untersuchung der Auswirkung von Elastizitäten wurde die Steifigkeit des Koppelelementes zwischen Biegebauteil und Kraftsensor verringert, so daß die Gesamtsteifigkeit der Übertragungsglieder des Aktors von 57 kN/m auf 3 kN/m reduziert wurde. Es wurde aber sichergestellt, daß die geschwächte Übertragungskomponente bei den herrschenden Kräften nicht plastisch verformt wurde.

Die Ergebnisse aus <u>Bild 56</u> bestätigen, daß auch eine wesentlich verringerte Steifigkeit des Aktors nicht zu Fehlern im Biegeergebnis führt. Die dennoch bei den Versuchsreihen festgestellte geringe Verschlechterung des Biegeergebnisses ist durch die zwangsläufig ebenfalls verringerte Steifigkeit senkrecht zur Biegerichtung und der daraus verschlechterten Kinematik (Winkelfehler, Reibung) zu erklären.

Zur Untersuchung der Auswirkungen des Spiels im Antrieb wurde das spielfreie Getriebe zwischen Gleichstrommotor und Spindelsystem durch eines mit einem Spiel von etwa 7° ersetzt, das sich über die Spindel mit einem Längenfehler von etwa 20 μm auswirkte. Der Nachlauf pflanzt sich über die gesamte Entlastungskurve fort. Wenn jedoch das gemeldete Biegeergebnis mit dem als bekannt vorausgesetzten Spiel addiert wird, so produziert auch der spielbehaftete Biegeaktor qualitativ gleichwertige Biegeergebnisse.

Die Versuchsergebnisse zeigen, daß auch eine wenig aufwendige Realisierung der Biegesysteme mit rotatorischem Antrieb und indirekter Wegmessung über die Rotationswinkel keine wesentlichen Genauigkeitsbeeinträchtigungen gegenüber einem Biegesystem hat, das die Weginformation direkt über die Position des Biegebauteils, beispielsweise über einen linearen Glasmaßstab, bezieht.

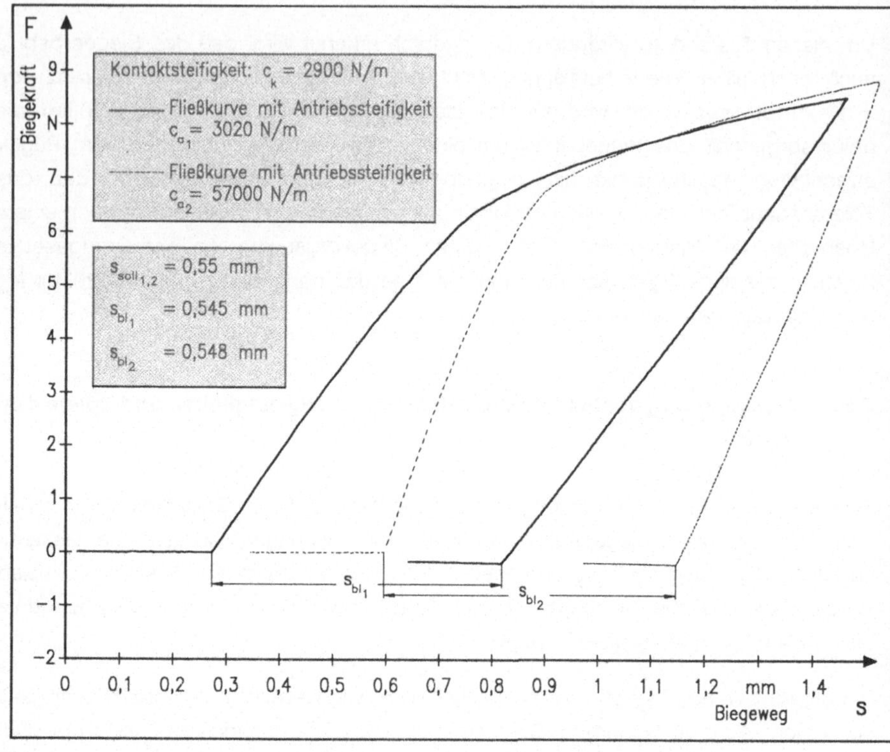

Bild 56: Biegefließkurven mit verschiedenen Aktorsteifigkeiten

7.5.6 Bewertung der Ergebnisse mit dedizierter Entlastungssteifigkeit

In den Versuchen wurde das Verfahren mit dedizierter Entlastungssteifigkeit so eingesetzt, daß nach Möglichkeit aus der Beobachtung eines vorangegangenen Biegevorgangs die Entlastung bestimmt wurde; in den folgenden Fällen wurde dennoch das Nullhub-Verfahren eingesetzt:

- es ist an demselben Kontakt noch keine vorhergegange Biegung in der gleichen Richtung durchgeführt worden,

- nach der letzten Biegung in derselben Richtung wurde ein großer Biegeweg (s_{bl} > 0,2 mm) in entgegengesetzter Richtung durchgeführt, womit sich die Kinematik grundlegend geändert hat.

Alternativ zum konstanten Einsatz dieses Verfahrens wurden Versuchsreihen durchgeführt, in denen das fließkurvengeregelte Biegejustieren konventionell eingesetzt wurde und nur dann bedarfsweise mit dedizierter Entlastungssteifigkeit gearbeitet wurde, wenn das Biegeziel innerhalb einer Toleranz von ± 8 μm nicht erreicht wurde.

Die Versuchsergebnisse in <u>Bild 57</u> zeigen, daß durch das nur in Extremfällen eingesetzte Verfahren mit dedizierter Entlastungssteifigkeit Genauigkeitssteigerungen zu erzielen sind, während das Verfahren konstant eingesetzt eher Genauigkeitsbeeinträchtigungen gegenüber dem konventionellen fließkurvengeregelten Biegejustieren hervorruft. Das gute Abschneiden der Kombination beider Verfahren liegt daran, daß das konventionelle Verfahren generell schon sehr genau arbeitet und lediglich Bauteile, die für das fließkurvengeregelte Biegejustieren ungünstige Extremfälle darstellen, durch die dedizierte Entlastungssteifigkeit in einer Wiederholbiegung korrigiert werden.

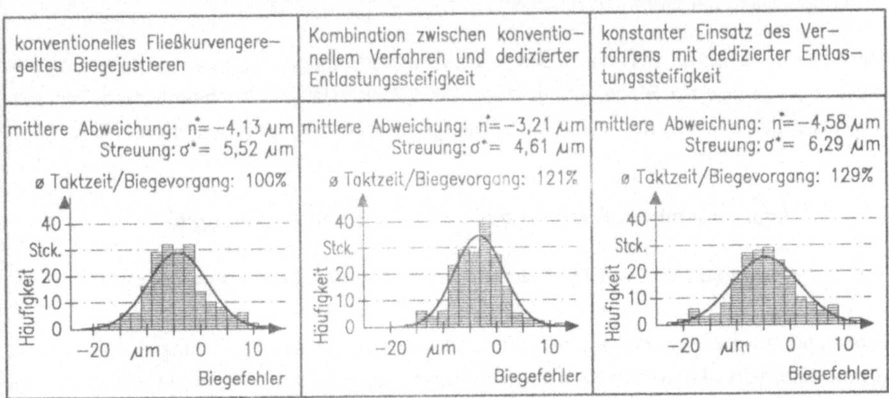

<u>Bild 57:</u>   Versuchsergebnisse zum Einsatz der dedizierten Entlastungssteifigkeit

7.5.7   Bewertung der Ergebnisse der positionsübergreifenden Direktjustage

Die positionsübergreifende Direktjustage wurde an der realisierten Pilotanlage für drei Funktionen untersucht:

1. Anlegen der Festkontakte an die Federkontakte zur Vorjustage mit einer Kontaktkraft von 0,5 N ± 0,3 N.

2. Justage der Kontaktkräfte mit einer Genauigkeit von ± 0,02 N.

3. Relativlagenjustage zwischen Rückholfeder und Anker mit einem Abstand von 0 + 0,5 mm.

Die Funktion des Anlegens der Festkontakte kann mit einer ausreichenden Genauigkeit durchgeführt werden. Ein alternatives Vorjustageverfahren wurde zum Vergleich getestet, das die Festkontakte iterativ mit einer Relativverformung von 0,2 mm antastete, bis der Kontakt überbrückt war. Hiermit verglichen kann die Relativlagenjustage die Taktzeit der Vorjustage, die bei 73% aller getesteten Relais im unjustierten Zustand notwendig war, von durchschnittlich 1,47 auf 0,61 Minuten reduzieren.

Die Funktion 2, die Direktjustage der Kontaktkräfte in den Arbeitsbereich, kann die geforderte Genauigkeit wegen hoher und ungleichmäßiger Reibung sowie schwankender Hebelverhältnisse der Kontaktpaarungen nicht erreichen.

Die Funktion 3, die Relativlagenjustage der Rückholfeder, erreicht leicht die geforderten Genauigkeiten. Hier können die durchschnittlichen Justagezeiten je Relais um durchschnittlich 0,43 Minuten reduziert werden.

Damit zeigt sich, daß sich die positionsübergreifende Biegejustage als Erweiterung der fließkurvengeregelten Biegejustage dann als funktionsfähig mit wesentlichen Taktzeitverkürzungen erweist, wenn geringe Genauigkeitsanforderungen bestehen.

7.6 Versuche mit der Steuerung auf der Basis von Fuzzy-Logik

7.6.1 Vergleich mit den Ergebnissen einer Steuerung ohne Fuzzy-Logik

Alternativ zu der entwickelten Steuerung auf der Basis von Fuzzy-Logik wurde ausgehend von demselben Kenntnisstand über das Relaisverhalten eine Steuerung mit rein "Boole'scher Logik" aufgebaut.

Um einen Vergleich zu ermöglichen, wurden die Steuerungen ohne automatische Serienanpassungen eingesetzt. Stattdessen wurden vor Beginn des Vergleiches die Steuerungen manuell auf die zu justierende Relaisserie optimal eingestellt.

Bild 58 zeigt den Aufwand zur Erstellung der entsprechenden Software und die wichtigsten damit erzielten Ergebnisse. Der Aufwand für die Erstellung der Fuzzy-Software ist deshalb wesentlich höher, da aus Gründen der Anwendungsflexibilität die Shell für den Aufbau und die Abarbeitung der Fuzzy-Regeln von Grund auf eigens implementiert wurde. Insbesondere für die Integration und anschließende Tests der Adaptionsverfahren mußte die Möglichkeit bestehen, auf das Regelwerk und den Quellcode direkt zugreifen zu können.

	Strategie– und Stellwert–entscheidung konventionell über "scharfe" Logik	Strategie und Stellwert–entscheidung über Fuzzy Logik
[1] Beim Einsatz eines Standard–Fuzzy–Paketes erwarteter Aufwand 120% [2] Erfaßt für jeweils 40 Relais		
Erstellungsaufwand	gut 100%	schlecht 370% [1]
Aufwand zur Veränderung des Regelverhaltens	schlecht 100%	gut 75%
durchschnittliche Taktzeit für die Relaisjustage	schlecht 100%	gut 87%
Anteil nicht fertigjustierter Relais, die auch manuell nicht justierbar waren	schlecht 17%	gut 1%
Übereinstimmung mit der [2] Vorgehensweise des geübten Justagepersonals	schlecht 63%	gut 92%

<u>Bild 58:</u>   Kennwerte der Fuzzy-Logik-Steuerung im Vergleich mit der konventionellen Steuerung

In allen anderen Ergebnissen, die die Effizienz der Steuerung betreffen, hat das System auf Basis der Fuzzy-Logik deutliche Vorteile gegenüber dem konkurrierenden konventionellen System mit "Bool'scher Logik".

Die hier durchgeführten Versuche zeigen, daß eine Steuerung über Fuzzy-Logik gerade in rechenzeitunkritischen Regelkreisen insbesondere bei toleranzbehafteten Meßgrößen eindeutige Vorteile gegenüber konventionellen Steuerungen mit "Bool'scher Logik" haben können.

7.6.2   Ergebnisse mit den entwickelten Adaptionsverfahren

In die hierarchische Justagesteuerung auf der Basis von Fuzzy-Logik wurden die Verfahren zur Anpassung an das aktuelle Bauteilverhalten implementiert.

Hierzu werden acht verschiedene Fertigungsserien unterteilt, so daß für 6 Adaptions-varianten vergleichbare 8 x 32er Serien mit verändertem Serienverhalten zur Verfügung standen. Entsprechend <u>Bild 59</u> werden die drei entwickelten Adaptionsverfahren jeweils mit 2 Gewichtungsfaktoren variiert, mit deren Unterstützung die 8 x 32er Serien auf der realisierten Anlage justiert werden. In <u>Bild 59</u> sind im oberen Teil beispielhaft die Taktzeiten des günstigsten und des ungünstigsten Verfahrens der Versuchsreihe für jeweils 64 Relais aufgetragen; hier ist dennoch für beide Verfahren die effektive Anpassung der Steuerungsstrategie auf die jeweilige Serie erkennbar.

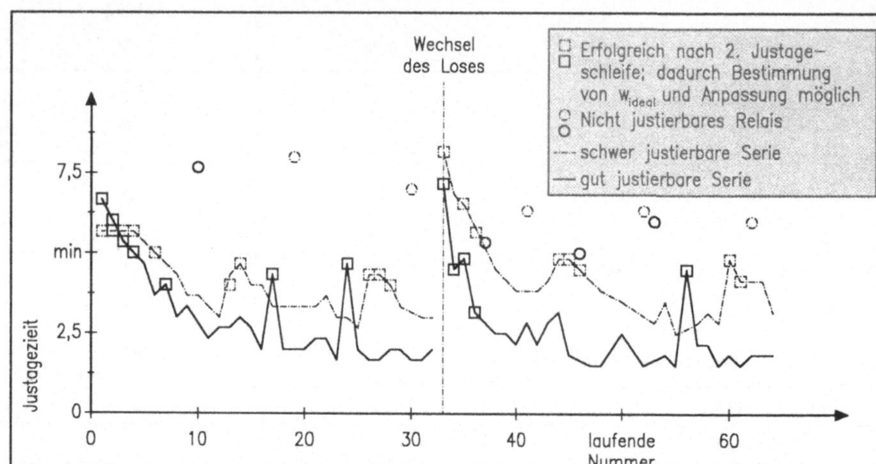

Taktzeitaufnahme der Justage von 2 Losen mit je 32 Relais bei einer hierarchischen Steuerung über Fuzzy−Logik und der seriengewichteten Skalenadaption mit $c_L = 4$

| | | Skalenadaption | | | | Plausibilitäts− und Termadaption | |
| | | seriengewichtet | | reihenfolgegewichtet | | reihenfolgegewichtet | |
	Gewichtungsfaktor	$c_L = 4$	$c_L = 10$	$c_R = 0,3$	$c_R = 0,7$	$c_R = 0,3$	$c_R = 0,7$
getrennte Lose	mittlere Taktzeit	2,9 min	3,1 min	3,8 min	3,9 min	3,6 min	3,8 min
	Anzahl der Anpassungen	18%	21%	22%	25%	20%	24%
	Anzahl gleichartiger aufeinanderfolgender Anpassungen	6%	8%	12%	15%	10%	12%
	nicht justierte Relais, die manuell nachjustierbar waren	0	1%	3%	3%	2%	2%
vermischte Lose	mittlere Taktzeit	−	−	4,0	4,3	3,6	3,9
	Anzahl der Anpassungen	−	−	24%	27%	23%	25%
	Anzahl gleichartiger aufeinanderfolgender Anpassungen	−	−	14%	16%	11%	19%
	nicht justierte Relais, die manuell nachjustierbar waren	−	−	3%	4%	3%	4%

<u>Bild 59:</u>   Kennwerte der entwickelten Adaptionsverfahren

Die Versuchsergebnisse zeigen einen deutlichen Vorteil der seriengewichteten Skalen-adaption. Der Grund dafür liefert die anschließende Analyse der eingestellten Parameter und der durchgeführten Justageverrichtungen an den fertig justierten Bauteilen: Es bestehen große Ähnlichkeiten des Bauteilverhaltens innerhalb einer Serie aber große Unterschiede zwischen den einzelnen Serien.

Bei den verwendeten Serien hat sich die Gewichtung der aktuellen Serie gegenüber vorhergegangenen mit $c_L=4$ als günstig erwiesen. Eine Variation dieses Gewich-tungsfaktors kann sich jedoch bei Änderung der Fertigungsbedingungen oder bei größeren Serien positiv auswirken.

Innerhalb der reihenfolgegewichteten Adaptionsverfahren hat das Verfahren zur Plausibilitäts- und Termadaption Vorteile gegenüber der Skalenadaption. Aber sowohl bei den getrennten Kleinserien als auch bei den vermischten Serien, also bei Chargen, die durch zufällige Vermischung Kleinstlosen mit einer eher fließenden Änderung im Verhalten entsprechen, zeigten alle reihenfolgegewichteten Adaptionsverfahren eine deutliche Effizienzsteigerung der eingesetzten Steuerung.

8 Zusammenfassung und Ausblick

Schaltrelais erledigen milliardenfach Steuerungsaufgaben in allen Bereichen der Technik. Dennoch wird bei deren Fertigung ein erheblicher Anteil der Justagetätigkeiten noch manuell durchgeführt. Lediglich einzelne einfache Justageumfänge werden bereits automatisch durchgeführt. Aber auch hierzu fehlen bis heute grundlegende wissenschaftliche Erkenntnisse.

Ausgehend von einer Klassifizierung von Schaltrelais und der justagespezifischen Analyse wurde deutlich, daß die in der Luft- und Raumfahrt sowie in der Wehrtechnik häufig eingesetzten Balanced-Force-Relais aufgrund ihrer hohen Qualitätsnormen die mit Abstand höchsten Justageanforderungen stellen und damit die der übrigen Relais überdecken. Deshalb wurden die Balanced-Force-Relais detailliert analysiert. Aus den Analyseergebnissen wurden die Teilsysteme eines automatischen Gesamtsystems zur Justage und deren Anforderungen abgeleitet.

Für diejenigen Teilsysteme, deren Realisierung nicht vom Stand der Technik abgeleitet werden konnte, wurden alternative Konzepte bewertend verglichen. Bei der Konzeption zeigte es sich, daß für die Teilsysteme:

- Verändern von Bauteilpositionen durch plastische Biegungen und

- die Justagesteuerung auf der Basis von Fuzzy-Logik

weiterführende Voruntersuchungen und Entwicklungen durchzuführen waren.

Für die verschiedenen Konzepte zum Biegejustieren wurde in Voruntersuchungen theoretisch die in Abhängigkeit der Werkstofftoleranzen mögliche Biegegenauigkeit ermittelt. Mit Hilfe des FEM-Programms MARC MENTAT wurden anschließend diese Ergebnisse verifiziert und der qualitative Einfluß von Eigenspannungen untersucht, die besonders durch Umkehr der Biegerichtung und Wechsel des Biegezielwertes entstehen. Als Ergebnis dieser Voruntersuchung wurde deutlich, daß nur mit dem fließkurvengeregelten Biegejustieren die notwendigen Biegegenauigkeiten erreicht werden können. Dieses Biegejustageverfahren stützt sich auf die Theorie des Hook'schen Gesetzes über die Parallelität der elastischen Belastungsgerade und der elastisch-plastischen Entlastungsgerade im Spannungs-Dehnungs-Diagramm und ist bei den entsprechenden Randbedingungen der Relaisjustage noch nicht eingesetzt worden.

Die möglichen Einflüsse, die sich auf die Biegegenauigkeiten auswirken, wurden aufgestellt und klassifiziert. Anschließend wurden sie detailliert untersucht und Möglichkeiten zur Verringerung ihrer Auswirkungen aufgezeigt.

Weiterhin wurden aufbauend auf dem fließkurvengeregelten Biegejustieren Verfahren zur positionsübergreifenden Biegejustage entwickelt, mit denen man in der Lage ist, die während des Biegevorgangs zusätzlich zur Rückfederung sich ergebenden Kräfte oder Positionen gegenüber Federelementen zu bestimmen und einzuberechnen.

Die Bewertung der Konzepte für das Justagesteuerungssystem zeigte auf, daß das günstigste Verhalten insbesondere wegen der toleranzbehafteten Meßgrößen mit einer Implementierung über Fuzzy-Logik zu erzielen ist. Aufgrund des sich schnell ändernden Systemverhaltens der Relais müssen sich die Regeln des Systems automatisch den Gegebenheiten anpassen. Deshalb wurden zwei Verfahren entwickelt, die das Fuzzy-Logik-System aufgrund von selbstständig erkannten Fehlern automatisch in gewissen Grenzen an das Verhalten der aktuellen Relaisserie anpassen.

Zur Durchführung von Versuchen zu den Konzepten und Entwicklungen wurde eine Pilotanlage eines Gesamtsystems zur automatischen Justage von Balanced-Force-Relais aufgebaut. Die Versuche zeigten folgende wesentliche Erkenntnisse auf:

- Die Auswirkungen der untersuchten Fehlerfaktoren, die das fließkurven-geregelte Biegejustieren beeinflussen, sind durch die aufgezeigten Möglich-keiten reduzierbar.

- Die positionsübergreifende Biegejustage wird bei den Versuchsrelais durch ungleichmäßige Reibeinflüsse so stark negativ beeinflußt, daß sie die gefor-derten Genauigkeiten nur in der Vorjustage erfüllen können; dort können sie die Taktzeit jedoch entscheidend verkürzen.

- Die entwickelten Verfahren zur automatischen Anpassung des multikriterialen Entscheidungssystems auf der Basis von Fuzzy-Logik bringen entscheidende Taktzeit- und Qualitätsvorteile.

Mit der Realisierung und Erprobung der Pilotanlage sind die Voraussetzungen und Erkenntnisse geschaffen, Balanced-Force-Relais unter Industrieanforderungen auto-matisch zu justieren. Speziell die Verfahren der fließkurvengeregelten Biegejustage und der darauf aufbauenden postionsübergreifenden Direktjustage sind auf viele Justage-bedingungen anderer Relais direkt übertragbar. Für Relais, deren Federelemente - bei Balanced-Force-Relais sind es die starren Elemente - durch Biegen zu justieren sind, könnten in weiterführenden Untersuchungen die Voraussetzungen und Möglichkeiten zum Einsatz der Verfahren erforscht werden.

9   Literaturverzeichnis

/1/   Herzog, M., u. a.:   Schwerpunkte künftiger Technologieentwicklungen. Abschlußbericht. Stuttgart: Ministerium für Wirtschaft, Mittelstand und Technologie Baden Württemberg, August 1987

/2/   Abele, E., u. a.:   Studie zur Untersuchung der Einsatzmöglichkeiten von flexibel automatisierten Montagesystemen in der industriellen Produktion (Montagestudie). Düsseldorf: VDI-Verlag, 1984

/3/   Norm: VDI-Richtlinie 2860 Blatt 2, 10/82: Montage und Handhabungstechnik; Montagefunktionen

/4/   Warnecke, H.-J. ;
       Dreher, H.;
       Krüll G.:   Konzeption und prototypische Realisierung hybrider Automatisierungssysteme (KOPRA); 2. Ergebnisbericht im Verbundprojekt für das Ministerium für Wirtschaft, Mittelstand und Technologie Baden Württemberg, Dezember 1992

/5/   Milberg, J.;
       Schmidt, M.:   Stand und Trend der flexiblen Montageautomatisierung in der Feinwerktechnik. In: VDI-Berichte (1989) Nr. 747, S. 15-40

/6/   Fischer, G.:   Laßt Bilder sprechen. Sensortechnik - Miniaturisierte Intelligenz. In:Roboter 8 (1992) 3, S. 48-50

/7/   Schweigert, U.:   Zeigen wo es lang geht - Entwicklungsstand sensorgeführter Roboter in der Montage. In: Maschinenmarkt 97 (1991) 4, S. 30-32

/8/   o. V.:   Produktionsbericht für die Elektrotechnik- und Elektronikindustrie. 2. Vierteljahr 1992. Zentralverband Elektrotechnik- und Elektronikindustrie e.V. ZVEI. Frankfurt, 1992

/9/   Sauer, H.:   Relais Lexikon. 2. Auflage. Heidelberg: Hüthig, 1986

/10/   Hansen, F.:   Justierung.
                                  Berlin: VEB Verlag, 1964

/11/   Krüll. G., u. a.:   Justieren von Balanced-Force-Relais. Zwischenbe-
                                  richt Phase I: Analyse der manuellen Justage und
                                  Machbarkeitsstudie zur Automatisierung. Unveröf-
                                  fentlichter Bericht zum MU-Projekt 301 752 am IPA,
                                  März 1991

/12/   Ellis, I.:   Power switching relays.
                                  In: New Electronics 14 (1981) 6, S. 56 - 61

/13/   Kohler, W. M.:   Relais, Grundlagen, Bauformen und
                                  Schaltungstechnik.
                                  München: Francis, 1978

/14/   Zadeh, L.A.:   Fuzzy-Sets
                                  In: Information and Control (1965) 8, S. 338-353

/15/   Zimmermann, H.-J.; u. a.:   Fuzzy Set Theorie.
                                  Die Theorie der unscharfen Mengen.
                                  In. OR Spektrum 14 (1992) 1, S. 1-9

/16/   Bullinger, H.-J.;   Expertensysteme in Produktionsprozessen.
       Kurz, E.:   In: Automobil-Industrie 37 (1992) 1, S. 61-67

/17/   Jacomet, M.:   Fuzzy-Logik.
                                  Von der Ingenieur-Ausbildung bis zur industriellen
                                  Anwendung.
                                  TR-Fachkongress: Innovative und zukunftsorientierte
                                  industrielle Automation in der Praxis, Bern, Okt. 1992

/18/   Altrock v., C.:   Über den Daumen gepeilt.
                                  In: c't (1991) 3, S. 188-202

/19/   Till, T.:   Fuzzy-Logik. Grundlagen, Anwendungen, Hard- und
                                  Software.
                                  München: Francis, 1991

/20/   Fa. Inform: Industrielle Anwendung der Fuzzy-Logik
                                  Aachen, 1992, Seminarunterlagen

/21/   Hamann, C.;   Relaisfederjustierung mittels gepulster Nd:YAG-
        Rosen, H. G.:   Laser.
                                       Vortrag auf der Laser '89, München, 5. - 9.Juli 1989

/22/   Schorcht, H.-J.;   Beitrag zur Automatisierung technischer Prozesse
        Weiß, M.;   der Gerätetechnik.
        Meissner, M.:   Ilmenau, Techn, Hochsch, Diss. B, 1984

/23/   Liedtke, K,;   Untersuchungen zur Justierung von
        Nönnig, R.:   Relaiskontaktfedersätzen.
                                         In: Feingerätetechnik 31 (1982) 1, S. 19 -21

/24/   Schedele, H.;   Das Miniaturprintrelais P1, ein Relais hoher
        Schweiger, J;.   Sensitivität bei kleinsten Abmessungen.
        Tamm, H.:   In: Siemens Components 24 (1986), S. 137-142

/25/   Müller, E.:   Komplexe Montageanlagen mit einem hohen Grad
                                         an Standardisierung.
                                         In: Neuentwicklungen der Montageautomatisierung,
                                         Europa Seminar, Wasserburg, 1989

/26/   Fa. Vision-Tools: Justage des Kontaktabstandes und
                                         Vollständigkeitskontrolle von Thermostaten;
                                         St. Leon-Rot, 1990. Firmenschrift

/27/   Schweigert, U.:   Roboter für Steckverbinder in Leiterplatten.
                                         In: Technische Rundschau (1991) 32, S. 30-34

/28/   Mendl, P.:   Automatisches Herstellen mehrteiliger Kontaktfedern
                                         nach dem Prinzip der Fließfertigung.
                                         In: Feinwerktechnik & Meßtechnik 97 (1989) 8-9,
                                         S. 345-357

/29/   Mundt, K.-D.:   Vollintegrierbare Stanz- und Umformtechnik "auf
                                         Montage".
                                         In: Federn-Ketten-Biegeteile 3 (1990) 2,
                                         S. 14-16

/30/   Thiel, S.:   Automatisierung des Biegerichtens.
                                         Berlin u. a.: Springer, 1988.
                                         Zugl. Stuttgart, Universität, Diss., 1988

/31/ Thiel, S.; Kuhn, G.: Verfahren zum richtenden Umformen, insbesondere Biegerichten und/oder Torsionsrichten von Werkstücken. Offenlegungschrift DE-OS 33 22 777. Deutsches Patentamt, 1984

/32/ Warnecke, H.-J.; Krüll, G.: Justieren geht über Studieren. In: Elektronik Praxis (1992) 9, S. 34

/33/ Gariglio, D.: Fuzzy in der Praxis. In: Elektronik 40 (1991) 20, S. 63-75

/34/ Wolf, T.: Fuzzy, die Revolution aus japanischen High-Tech-Tempeln. In: mc (1991) 3, S. 44-49

/35/ Post, H.: Automatisierung: Mit Fuzzy-Logik in zehn Jahren die Nummer eins? In: Elektronik 40 (1991) 11, S. 22-24

/36/ o. V.: Paßt knapp, klemmt etwas. In: Flexible Automation 6 (1992) 5, S. 90-91

/37/ Pfeifer, T.; Plapper, P.: Weniger aufwendig als präzise Systeme. In: Industrie-Anzeiger 113 (1991) 76, S. 26-28

/38/ Palm, R.; Rehfueß, U.: Fuzzy-Steuerung in der Robotik. In: Mikroelektronik 6 (1992) 1, S 30-33

/39/ Goser, K.; Surmann, H.: Clevere Regler schnell entworfen In: Elektronik 41 (1992) 6, S. 60-68

/40/ Pritschow, G.; Heller, J.: Fuzzy Logik, Anwendungen in der Steuer- und Regelungstechnik. Vortrag auf der IIR Fachkonferenz Fuzzy-Logik. 6. -7. Mai 1992, München

/41/ Nakanishi, S.; u. a.: Self-organizing Fuzzy-Controllers by Neural Networks. In: Proceedings of the International Conference on Fuzzy Logic & Neural Networks. July 1990, Iizuka, Japan, S. 187-199

/42/ Sato, M.; u. a.:   Learning Chaotic Dynamics by Recurrent Neural
Networks.
In: Proceedings of the International Conference on
Fuzzy Logic & Neural Networks.
July 1990, Iizuka, Japan, S. 601-604

/43/ Trautzel, G.:   FUZZY-LOGIK-FIEBER.
In: Elektronik Praxis (1992) 6, S. 139-146

/44/ Norm: ESA/SCC Generic Specification No. 3602, Rev D,
April 1991

/45/ Norm: Military Specification MIL-R-6106J, Nov. 1981

/46/ Lange, K.:   Umformtechnik.
Handbuch für Industrie und Wissenschaft
Band 1: Grundlagen.
Berlin u. a.: Springer, 1984

/47/ Norm: DIN 8586 Fertigungsverfahren Biegeumformen. 1970

/48/ Schraft, R.-D.:   Systematisches Auswählen und Konzipieren von
programmierbaren Handhabungsgeräten.
Mainz: Krausskopf, 1976.
Zugl. Stuttgart Universität, Diss., 1976

/49/ o. V.:   Engineers Relay Handbook.
National Association of Relay manufactors.
Indiana, USA, 1980

/50/ Warnecke H.-J.;   Handbuch Handhabungs, Montage und
Schraft R.-D.;   Industrierobotertechnik.
Band I: Handhabungstechnik.
Landsberg: Verlag Moderne Industrie, 1984

/51/ Steingroever E.;   Magnetisieren, Entmagnetisieren und Kalibrieren
Oettinghaus, D.:   von Permanent-Magnetsystemen.
Firmenschrift der MAGNET-PHYSIK Dr. Steingroever
GmbH. Köln: 1991

/52/ Parker, R.
Advanced in Permanent Magnetism.
New York: Wiley, 1990.

/53/ Bronstein, I. N.;
Semendjajew, K. A.:
Taschenbuch der Mathematik
Frankfurt/Main: Harri Deutsch, 1980

/54/ Kreyszig, E.:
Statistische Methoden und ihre Anwendungen.
Göttingen: Vandenhoeck & Ruprecht, 1991

/55/ Zünkler, B.:
Biegeumformen
Handbuch der Fertigungstechnik Band 2/3.
München, Wien: Carl Hanser, 1985

/56/ Fa. Brush Wellmann
Technische Information.
Stuttgart, 1992. Firmenschrift

/57/ o. V.:
MARC MENTAT.
Programmierhandbuch. 1989, Kap. 6.5 - 7.15

/58/ Bergmann W.:
Werkstofftechnik. Teil 1.
München, Wien: Hanser , 1984

/59/ Pape, A:
Zur Beschreibung des transienten und stationären
Verfestigungsverhaltens von Stahl mit Hilfe eines
nichtlinearen Grenzflächenmodells.
Bochum ,1988 (Mitteilungen aus dem Institut für
Mechanik an der Ruhr-Universität Bochum, Nr. 57)

/60/ Fischer, U.
Stephan, W.
Schwingungen.
Basel: Birkhäuser, 1981

/61/ Müller, P. C.
Schiehlen, W. O.
Lineare Schwingungen.
Wiesbaden: Akademische Verlagsgesellschaft,
1976

/62/ Warnecke, H.-J.;
Krüll, G.:
Steuerung einer mehrdimensionalen Justage über
Fuzzy-Logik.
In: Robotersysteme 8 (1992) 4, S. 245-250

IPA Forschung und Praxis
Schriftenreihe aus dem Institut für Produktionstechnik und
Automatisierung, Stuttgart

Herausgeber: Prof. Dr.-Ing. H. J. Warnecke

Datenerfassung im Produktionsbereich
Von E Bendeich ISBN 3-7830-0117-8
1977, 176 Seiten, kartoniert — 54,— DM

Methodenauswahl für die Materialbewirtschaftung in Maschinenbau-Betrieben
Von H Graf ISBN 3-7830-0136-6
1977, 144 Seiten, kartoniert — 54,— DM

Systematische Auswahl von Förderhilfsmitteln für den innerbetrieblichen Materialfluß
Von W Rau ISBN 3-7830-0139-0
1977, 103 Seiten, kartoniert — 40,— DM

Grundlagen zur Planung von Ersatzteilfertigungen
Von E Schulz ISBN 3-7830-0138-2
1977, 98 Seiten, kartoniert — 40,— DM

Rechnerunterstützte Fabrikplanung
Von B Minten ISBN 3-7830-0116-1
1977, 124 Seiten, kartoniert — 38,— DM

Eine Planungsmethode für automatische Montagesysteme
Von H -G Lohr ISBN 3-7830-0120-X
1977, 108 Seiten, kartoniert — 32,— DM

Planung und Bewertung von Arbeitssystemen in der Montage
Von H Metzger ISBN 3-7830-0131-5
1977, 108 Seiten, kartoniert — 40,— DM

Klassifizierungssystem für Prüfmittel der industriellen Längenprüftechnik
Von R Czetto ISBN 3-7830-0144-7
1978, 181 Seiten, kartoniert — 64,— DM

Rechnerunterstützte Montageplanung
Von O Hirschbach ISBN 3-7830-0149-8
1978, 146 Seiten, kartoniert — 52,— DM

Rechnerunterstützte Entwicklung von Simulationsmodellen für Unternehmensplanspiele
Von A Moker ISBN 3-7830-0147-1
1978, 181 Seiten, kartoniert — 64,— DM

Arbeitsplatzanalysen zur Ermittlung der Einsatzmöglichkeiten und Anforderungen an Industrieroboter
Von G Herrmann ISBN 37830-0151-X
1978, 113 Seiten, kartoniert — 40,— DM

MFSP — Ein Verfahren zur Simulation komplexer Materialflußsysteme
Von G Stemmer ISBN 3-7830-0118-8
1977, 140 Seiten, kartoniert — 60,— DM

Berührungslose Erkennung durch Positionsbestimmung von Objekten durch inkohärent-optische Korrelation
Von M Konig ISBN 3-7830-0137-4
1977, 110 Seiten, kartoniert — 40,— DM

Auslegung von Störungspuffern in kapitalintensiven Fertigungslinien
Von R v Stetten ISBN 3-7830-0140-4
1977, 154 Seiten, kartoniert — 56,— DM

Flexible Transportablaufsteuerung
Von G Romer ISBN 3-7830-0114-5
1977, 188 Seiten, kartoniert — 60,— DM

Rechnergestützte Realplanung von Fabrikanlagen
Von T -K Sauter ISBN 3-7830-0119-6
1977, 108 Seiten, kartoniert — 32,— DM

Systematisches Auswählen und Konzipieren von programmierbaren Handhabungsgeräten
Von R D Schraft ISBN 3-7830-0115-3
1977, 108 Seiten, kartoniert — 32,— DM

Auslandsproduktion
Von W Cypris ISBN 3-7830-0145-5
1978, 126 Seiten, kartoniert — 42,— DM

Wirtschaftlicher Einsatz von Mehrkoordinatenmeßgeräten
Von M Dietzsch ISBN 3-7830-0148-X
1978, 142 Seiten, kartoniert — 52,— DM

Fertigungssteuerung bei flexiblen Arbeitsstrukturen
Von K -G Lederer ISBN 3-7830-0146-3
1978, 128 Seiten, kartoniert — 42,— DM

Untersuchungen zum Polieren und Entgraten durch elektrochemisches Oberflächenabtragen
Von K Zerweck ISBN 3-7830-0150-1
1978, 110 Seiten, kartoniert — 40,— DM

Stufenweise Ableitung eines praktischen Planungssystems fur den Entwicklungsbereich
Von R Hichert ISBN 3-7830-0149-8
1978, 151 Seiten, kartoniert   52 — DM

Produktionsplanung mit Auftragsfamilien
Von U W Geitner ISBN 3-7830-0161 7
1979, 110 Seiten, kartoniert   45 — DM

Thermisch-chemisches Entgraten
Von T Wagner ISBN 3-7830-0164-1
1979, 111 Seiten, kartoniert   45 — DM

Untersuchung der Materialflußkosten bei ausgewahlten Systemen der Zentralen Arbeitsverteilung
Von R Wenzel ISBN 3-7830-0162-5
1979, 168 Seiten, kartoniert   86 — DM

Anpassung und Einfuhrung eines Planungssystems fur die Ablaufplanung im Konstruktionsbereich
Von W Dangelmaier ISBN 3-7830-0163-3
1979, 168 Seiten, kartoniert   80 – DM

Längenmessungen an bewegten Teilen mit beruhrungslos wirkenden Aufnehmern
Von H Lang ISBN 3-7830-0157-9
1979, 89 Seiten, kartoniert   42 — DM

Untersuchung multistabiler Stromungselemente und ihr Einsatz in sequentiellen Steuerungen
Von A Ernst ISBN 3-7830-0157-9
1979, 122 Seiten, kartoniert   48 — DM

Taktile Sensoren für programmierbare Handhabungsgerate
Von M Schweizer ISBN 3-7830-0158-7
1979, 91 Seiten, kartoniert   42 — DM

Die rechnerunterstützte Prufplanung
Von P Blasing ISBN 3-7830-0152-8
1979, 100 Seiten, kartoniert   44 — DM

Verfahren zur Fabrikplanung im Mensch-Rechner-Dialog am Bildschirm
Von W Ernst ISBN 3-7830-0156-0
1979, 218 Seiten, kartoniert   72 — DM

Rechnerunterstutztes Verfahren zur Leistungsabstimmung von Mehrmodell-Montagesystemen
Von M Gorke ISBN 3-7830-0155-2
1979, 139 Seiten, kartoniert   50 – DM

Standortbezogene Betriebsmittel
Von G Pflieger ISBN 3-7830-0167-6
1979, 127 Seiten kartoniert   52 — DM

Die betriebswirtschaftliche Beurteilung neuer Arbeitsformen
Von B -H Zippe ISBN 3-7830-0168-4
1979, 350 Seiten, kartoniert   98 — DM

Untersuchung des Arbeitsverhaltens programmierbarer Handhabungsgerate
Von B Brodbeck ISBN 3-7830-0169-2
1979, 117 Seiten, kartoniert   48 - DM

Untersuchung eines kohàrent-optischen Verfahrens zur Rauheitsmessung
Von N Rau ISBN 3-7830-0174-9
1979, 117 Seiten, kartoniert   48 — DM

Entwicklung einer programmierbaren, pneumatischen Steuerung
Von D Klemenz ISBN 3-7830-0171-4
1979, 93 Seiten, kartoniert   42 - DM

IPA Forschung und Praxis

Berichte aus dem Fraunhofer-Institut für Produktionstechnik und
Automatisierung, Stuttgart, und dem Institut für Industrielle Fertigung
und Fabrikbetrieb der Universität Stuttgart

Herausgeber· Prof Dr.-Ing H J. Warnecke

IPA-IAO Forschung und Praxis

Berichte aus dem Fraunhofer-Institut für Produktionstechnik und Automatisierung (IPA), Stuttgart, Fraunhofer-Institut für Arbeitswirtschaft und Organisation (IAO), Stuttgart, und Institut für Industrielle Fertigung und Fabrikbetrieb der Universität Stuttgart

Herausgeber: Prof. Dr.-Ing. H. J. Warnecke und Prof. Dr.-Ing. H.-J. Bullinger

Die Bände sind im Erscheinungsjahr und in den folgenden drei Kalenderjahren zu beziehen durch den örtlichen Buchhandel oder durch Lange & Springer, Otto-Suhr-Allee 26-28, 1000 Berlin 10